工业设计专业系列教材

产品设计快速表现诀要

The Key point of product design Sketch

王富瑞 著

中国建筑工业出版社

图书在版编目(CIP)数据

产品设计快速表现诀要/王富瑞著.—北京：中国建筑工业出版社，2009
(工业设计专业系列教材)
ISBN 978-7-112-11272-2

Ⅰ.产… Ⅱ.王… Ⅲ.工业产品-造型设计-技法(美术)-高等学校-教材 Ⅳ.TB472

中国版本图书馆CIP数据核字(2009)第151633号

责任编辑：李晓陶 李东禧
责任设计：郑秋菊
责任校对：张 虹 刘 钰

工业设计专业系列教材
产品设计快速表现诀要
王富瑞 著
*
中国建筑工业出版社出版、发行(北京西郊百万庄)
各地新华书店、建筑书店经销
北京天成排版公司制版
北京云浩印刷有限责任公司印刷
*
开本：787×1092毫米 1/16 印张：9½ 字数：245千字
2009年11月第一版 2009年11月第一次印刷
印数：1—3000册 定价：42.00元
ISBN 978-7-112-11272-2
 (18442)

版权所有 翻印必究
如有印装质量问题，可寄本社退换
(邮政编码 100037)

工业设计专业系列教材 编委会

编委会主任：肖世华　谢庆森

编　　　委：韩凤元　刘宝顺　江建民　王富瑞　张　琲　钟　蕾
　　　　　　　陈　彬　毛荫秋　毛　溪　尚金凯　牛占文　王　强
　　　　　　　朱黎明　倪培铭　王雅儒　张燕云　魏长增　郝　军
　　　　　　　金国光　郭　盈　王洪阁　张海林(排名不分先后)

参 编 院 校：天津大学机械学院　　天津美术学院　　天津科技大学
　　　　　　　天津理工大学　　　　天津商业大学　　天津工艺美术职业学院
　　　　　　　江南大学　　　　　　北京工业大学　　天津大学建筑学院
　　　　　　　天津城建学院　　　　河北工业大学　　天津工业大学
　　　　　　　天津职业技术师范学院　天津师范大学

序

工业设计学科自20世纪70年代引入中国后，由于国内缺乏使其真正生存的客观土壤，其发展一直比较缓慢，甚至是停滞不前。这在一定程度上决定了我国本就不多的高校所开设的工业设计成为冷中之冷的专业。师资少、学生少、毕业生就业对口难更是造成长时期专业低调的氛围，严重阻碍了专业前进的步伐。这也正是直到今天，工业设计仍然被称为"新兴学科"的缘故。

工业设计具有非常实在的专业性质，较之其他设计门类实用特色更突出，这就意味此专业更要紧密地与实际相联系。而以往，作为主要模仿西方模式的工业设计教学，其实是站在追随者的位置，被前行者挡住了视线，忽视了"目的"，而走向"形式"路线。

无疑，中国加入世界贸易组织，把中国的企业推到国际市场竞争的前沿。这给国内的工业设计发展带来了前所未有的挑战和机遇，使国人越发认识到了工业设计是抢占商机的有力武器，是树立品牌的重要保证。中国急需自己的工业设计，中国急需自己的工业设计人才，中国急需发展自己的工业设计教育的呼声也越响越高！

局面的改观，使得我国工业设计教育事业飞速前进。据不完全统计，全国现已有几百所高校正式设立了工业设计专业。就天津而言，近几年，设有工业设计专业方向的院校已有十余所，其中包括艺术类和工科类，招生规模也在逐年增加，且毕业生就业形势看好。

为了适应时代的信息化、科技化要求，加强院校间的横向交流，进一步全面提升工业设计专业意识并不断调整专业发展动向，我们在2005年推出了《工业设计专业系列教材》一套丛书，受到业内各界人士的关注，也有更多的有志者纷纷加入本系列教材的再版编写的工作中。其中《人机工程学》和《产品结构设计》被评为普通高等教育"十一五"国家级规划教材。

经过几年的市场检验与各院校采用的实际反馈，我们对第二次8册教材的修订和编撰，作了部分调整和完善。针对工业设计专业的实际应用和课程设置，我们新增了《产品设计快速表现诀要》、《中英双语工业设计》、《图解思考》三本教材。《工业设计专业系列教材》的修订在保持第一版优势的基础上，注重突出学科特色，紧密结合学科的发展，体现学科发展的多元性与合理化。

本套教材的修订与新增内容均是由编委会集体推敲而定，编写按照编写者各自特长分别撰写或合写而成。在这里，我们要感谢参与此套教材修订和编写工作的老师、专家的支持和帮助，感谢中国建筑工业出版社对本套教材出版的支持。希望书中的观点和内容能够引起后续的讨论和发展，并能给学习和热爱工业设计专业的人士一些帮助和提示。

2009年8月于天津

前 言

自从2007年正式出版普通高等教育"十一五"国家级规划教材《产品设计表现技法》之后,不少业界同仁、同事以及众多学生给予了极大关注并提出一些建设性意见。今天蒙中国建筑工业出版社之邀撰著《产品设计快速表现诀要》一书十分荣幸,正好为我完成《产品设计表现技法》一书的余愿提供了一个难得的机会,特此感谢。

该书的全部内容均是我近两年来教学与研究的积累,今天据此成书意在总结,如果该书能够回应业界同仁、同事及众多读者的关注,能够再为业界提供参考实是笔者的幸事。这次撰著本书力求图文并茂,并且利用示范实例剖析深入浅出地说明产品设计快速表现上的实质问题。本书还把产品设计快速表现的一些要点汇总成诀要奉献给大家,为的是让读者更轻松、愉悦地掌握它们。

该书是从实用的角度出发,针对学习对象不同的基础、不同的层次和不同的需要而撰著的。比如说,综合类院校设计艺术学科的学生初上产品设计表现技法课程和产品设计课程时;综合类院校理工学科的学生初上产品设计表现技法课程和产品设计课程时;专、本科工业设计专业的学生毕业后升学考试时;学生毕业在正式公司受聘应试时;专职设计人员作表现技法研究时;业余爱好做表现技法研习时都有需要。

笔者由于长期在高等院校从事工业设计教育工作,特别在产品设计表现技法课程的教学方面经历颇深,非常清楚我国目前工业设计教育的现状。今天撰著本书就是根据目前我国工业设计教育的实际需求,凭借自己长期教学的经验、技法研究和实物案例的积累来完成的,以满足现实的需求。

产品设计快速表现是产品设计表现技法当中的一个非常简单而且又非常实用的手绘技能,它的熟练掌握至关重要。

另外再作一点说明,书中极个别的学生初始作业属翻画作品(借鉴产品形态,实施自己的画法),凡翻画的作业我做过示范修改的而且能够反映出一些代表性问题的,我也把它选录在书中,为的是更具说服力,在此向原作者表示感谢。

王富瑞于天津
2009年6月18日

目 录

第1章｜概述／007

1.1　概述／007
1.2　产品设计快速表现诀要提示／009

第2章｜诀要之一　产品设计快速表现的工具材料选用／013

2.1　笔／013
2.2　纸／046
2.3　颜料／047
2.4　其他工具／048

第3章｜诀要之二　产品设计快速表现的画法／059

3.1　黑白法／059
3.2　辅彩法／062
3.3　纠正法／068
3.4　求全法／077
3.5　将错就错法／095
3.6　起死回生法／101

第4章｜实例／111

第5章｜范图／137

结束语／150

第1章 概述

1.1 概述

产品设计表现技法是整个工业设计过程中的一个重要环节,对它掌握得好与不好会直接影响设计目标的实现。产品设计亦属艺术行为,而这种艺术行为必须以一定的美术功底作依托,再加上相应的科学知识和生活阅历才能实施。

通常讲的艺术源于生活是对纯粹艺术而言,纯粹绘画艺术是由画家将自己的生活经历、生活体验和对社会客观事物的理解而产生的观点,通过绘画的形式表现出来,这种绘画形式所涵载的内容完全是现实生活中所存在的事物,也就是常说的艺术源于生活。而工业产品造型设计则是依据人类的生物、生理需求开创出他们所需要的物质来构成全新的生活方式,供全人类享用。这种全新的生活方式也许是人们在开创它之前所意识到的,也许是一般人意识不到的,它的存在是由设计家代替人们创造出来的,这种创造不是现实生活中存在物的再现,而是人类生活需求的实现。这就是说虽然产品设计与纯粹绘画同属艺术行为,但实际上二者在性质上并不相同,前者是人类生活需求的给予,后者是人类现实生活的再现,不完全是一回事。

产品设计外形效果表现技法是完成好产品设计的重要环节,今天我把这一环节拿出来作探讨,希望能在画法的界定上、名称的叫法上给读者一个规范的、系统的、标准的称谓。目前市场上这方面的书也有一些,但能全面、规范、系统地讲授这门课程的几乎没有。下面阐述一下自家观点。

1. 关于称谓

从市面上的产品设计方面的书中可以看到,对这门课程的称谓不甚一致,有的称"产品效果图表现——现代设计表现技法",有的称"工业产品设计效果图表现技法",有的称"现代工业设计表现图技法"等。

依我看一个名称的产生应有其特定的含义,不但要具其专业性,还应具其科学性、更具其严谨性。产品造型设计在整个设计过程中是以产品的外形设计为主要目标的,对其他方面的东西如材料、工程技术等方面的东西只是"拿来",故此外形表现尤为重要。因而依我所见,这门课程的名称应为"产品设计外形效果表现技法",或简称为"产品设计表现技法"。

2. 关于画法的界定

在画法的分类与界定上,虽然有人在一些书中讲述过,但尚不够完善,总有一种不贴切感,按照产品设计归属艺术行为的特征和艺术特有的规律而定,我认为它的画法应分为"写实法"、"写意法"、"归纳法"、"综合法"四种。那么如何界定这四种画法呢?

(1) 写实法

写实法顾名思义就是画得非常真实的画法,此画法所表现出来的产品逼真、可信,产品所具有的空间、颜色、质地、光感都淋漓尽致,不用设计者解释这是什么,那是什么,而是让观者看上去就知道这就是一个实实在在的产品,从而达到画效果图的目的,并且取得设计的成功。写实法包括素描法和色彩法两方面的内容。写实法完全是产品设计者绘画功底的凸显。

(2) 写意法

写意法是对写实法的延伸和凝练,它相对写实法来说更具艺术内涵。如果说写实法是产品设计者绘画功底的体现的话,那么,写意法则是产品设计者艺术潜力的体现,故此写意法掌握的好坏直接反映出产品设计者潜在的艺术素质。

写意法是以写实法作基础的,同时融进一些技巧性的手法。如特有工具与自制工具的运用,各种材料的巧妙运用,介质材料的恰当运用和相关门类绘画技法的融汇等,所表现出的画面效果显得潇洒、豪放、随意,从而给人一种强烈的艺术感。一张好的写意法效果图除了让观者了解设计者的设计意图外,还能让观者得到一种特有的艺术享受,有人这样讲过,一张好的写意法效果图悬挂在室内,可与大师级的绘画作品相媲美。

(3) 归纳法

归纳法是写实法、写意法的高度概括,此画法的效果应是人为效果,一张单纯的归纳法效果图的练习应该是以物而定,就质而画,这也是练习这种画法的目的。归纳法也可理解为是用堆砌法画出来的写实法,即把本来是圆滑过渡的面用一个个规则有序的色块堆砌出来。这种画法最适宜表现那种在写实法和写意法中很难表现的过渡面、高光、色彩变化等。

(4) 综合法

综合法即以上三种画法的综合,这是产品设计师常用的画法,因为它善于表现复杂多变且材质多样的产品,此画法的掌握要靠以上三种画法的功底作支撑。

这只是就研究画法而论画法,其实在实际的产品设计中,设计师在表现产品外形效果时,并非只用一种固定的表现画法,至于用哪种表现方法,那就要因物而定,就质施法了。

今天我在该书里讲的"产品设计快速表现"实质上是"写意法"当中的一个画法,我在"十一五"国家级规划教材《产品设计表现技法》一书中把它称作"便捷工具速记法"。现在把它单列出来花费这么大的精力去讲它，原因只有一个，那就是需求。在现代化的生活进程中，一切"从简"已是趋势，同时也是规律。《产品设计表现技法》一书带有研究的性质，故此内容系统化，学说成体系是理所当然的。《产品设计快速表现诀要》一书的撰著是从实用的角度出发，所以内容就得力求实用……

1.2　产品设计快速表现诀要提示

1. 选择适宜的工具材料以简练得法的笔触在相对短的时间内画出产品较为完整真实的形体关系、空间关系、色彩关系的画法就是产品设计快速表现。

2. 由于黑色中性笔的笔头是球状的，所以它适合画流畅圆润的曲线条；由于黑色碳素针管笔的笔头是管状的，所以它适合画挺拔坚硬的直线条。

3. 一是平时笔不离手多画（最好是有目的地画），二是多搞产品设计，在产品设计过程中通过反复画产品带动线条表现的基本功。过去纯粹美术创作讲究"创作带动基本功，"今天我们号召"设计带动基本功"。

4. 如图的最上方所画线条为线段形式，一般用在规范产品内部的实体形象中；图的中间所画线条为射线形式，一般用在表现产品的外部轮廓和裙脚线上；图的最下方所画线条为交叉线形式，多用于表现产品没有背景部分的外部轮廓，该交叉线的组合形式要根据需要，画成一根线段与一条射线的组合，或横为线段竖为射线，或横为射线竖为线段，为的是追求变化。

5. 在纸上试画，水性马克笔的笔触整齐没有洇的效果且笔触不渗透(纸的背面看不到有颜色透过)；酒精性马克笔的笔触不整齐，有洇的效果且笔触渗透(纸的背面可看到有明显颜色透过)，特别是笔的停顿处洇、透效果更明显，应特别注意，酒精性马克笔画出的颜色干的时候与湿的时候有所不同，颜色干了之后会变浅；油性马克笔亦有洇、透的特征，但它的颜色干与湿没有变化，特别提示油性马克笔几乎没有灰色系。

6. 画曲线时记住，笔头不论是横向还是纵向，在运笔时要永远保持一个方向，不要随意转动，这样才能出现如图中那样的曲线，写字更是如此。

7. 所谓"色"的变化的面，就是用同一支笔画出同一种颜色的深浅变化的画面。诀要：首先把握或从密到疏，或从疏到密的笔触排列的顺序。而且笔触的形式要有讲究，富有变化，水性马克笔的突出特点之一是笔触层次分明，重叠处会变深，我们要抓住这一特点灵活运用，使其达到预想的效果。

8. 诀要：图中的左半部分是用蓝色的水性马克笔在黄底色上画出形象，结果，蓝色与黄色重叠的地方变成绿色、蓝色与蓝色重叠的地方变成深蓝色、蓝色与蓝色与黄色重叠的地方变成深绿色，两种颜色巧妙地变成五种颜色，省时又省颜色。重要提示：只有这样做才能体现出马克笔的特有表现语言；图中的右半部分是利用蓝色与红色的重叠产生出紫色。

9. 用马克笔画背景特别记住的要诀是：用色不重且忌艳，用笔不单且忌滥。

10. 其实"N"字不论是左旋转90°还是右旋转90°，都与汉字的"之"字相似，在中国绘画构图中"之"字形是美的标志。把它放到产品设计快速表现的画法中同样成立。

11. 所谓"彩"的变化的面，就是用两种以上颜色的马克笔表现出具有色彩变化的画面。

12. 需要画洇的效果时选择酒精性马克笔，而且按你需要洇的程度大小选择干画还是湿画。

13. 画水润、朦胧的笔触效果时，要选择酒精性马克笔。干画或湿画取决于你的需要。笔触的重叠与否也要根据你的需要。笔触的组合形式要根据画面的需要。

14. 肯定地说用酒精性马克笔画产品的外轮廓不适宜。酒精性马克笔还有一个不易被发现的特点，那就是画在纸上的颜色干后会变浅。

15. 我在上课时常跟学生讲："不要轻易舍弃某种工具、不要轻易舍弃某种尝试，对某些'缺点'不要轻易说不，美就在矛盾中。我们要善于在'失败'中发现美的存在。"

通过尝试我们会发现，各种类型的马克笔具有相互不能代替的优点，综合它们的优点我们可以画出无穷无尽的变化效果，使产品设计快速表现的语言更加丰富、强烈。

16. 先用彩色水溶铅笔从深到浅或从浅到深地排列笔触，然后用蘸好清水的毛笔润涂该笔触即可。记住，毛笔要从彩铅笔触的最深处平稳地向最浅处润涂，直到毛笔内的水分润净为止，即得出如图的效果。

17. 记住，毛笔运笔的方向应该顺着彩铅笔迹来回平稳地向浅处润涂，最巧妙的结果是，毛笔中的水分润没了而需要的过渡色也画出来了。另外，毛笔要选用毛质的水粉笔或水彩笔。

18. 在画好的彩色铅笔的笔触上用橡皮擦出预想的亮面。注意，用手捏紧橡皮适度用力擦涂，你所选择橡皮擦面的宽度就是你要想擦出的亮面的宽度。记住，在彩色铅笔的笔触上擦亮面不像在普通绘图铅笔的笔触上擦亮面那么容易，可能得要重复几遍才能擦出。

19. 油画棒（或蜡笔）是以蜡作介质制作的彩色画笔。它的特点是：笔触粗糙，有厚度且拒水。它的这一特点正为我们的产品设计快速表现提供了一个很好的诀要，巧妙地运用它能出现意想不到的效果。

20. 请留意，优质的油画棒画出的笔触要比蜡笔画出的笔触细腻得多，请根据所画材质的需要有针对性地选择蜡笔、油画棒或是优质油画棒。

21. 由于油画棒（或蜡笔）具有拒水的特性，所以任你在其笔触上平涂水性颜色都不能遮盖它，而画纸没有画上油画棒（或蜡笔）笔触的地方则照样附着颜色。故此产生一种既有色彩变化又有毛绒感的肌理效果。

22. 由于硬尖笔在纸上刻出的纹理是凹形的，因此在其上平涂的液体颜料会较多地积蓄在凹形的纹理中，待颜料干后，凹形纹理中的颜色会很明显地重于没被硬尖笔刻画过的地方，尽管涂上去的是同一种颜色，却能产生一种既有色的变化又有起伏变化的肌理效果。

23. 所谓"漂浮法"就是把盐混合于水性颜料中，使颜料中水的比重加大，从而它会"漂浮"起画在纸上的颜料，并使其随着水分的慢慢蒸发由外向内一层一层地附着在画纸上而产生的一种形同烟雨、冰花样的图案。记住，加盐的方法是多样的，不同的加盐方法会产生不同的效果。另外，此方法在白色的画纸上使用效果会更明显。

24. 施盐水法会冲出一片空白，施盐粒法会产生不同大小、不同形状、不同深浅、不同色泽的斑点。根据需要可实施滴盐水、点盐水、喷盐水的方法和直接撒盐粒的方法。

25. "黑白法"顾名思义就是用单一的黑色中性笔快速表现产品的一种最简单的画法。

26. "辅彩法"顾名思义就是在黑白法的基础上，用简便的工具为黑白快速表现图辅助以简单的色彩，以增加快速表现图的直观效果。再说具体一点儿就是让观者在看到所表现产品的基本形体之余，同时还可以看到所表现产品的基本颜色。

27. "纠正法"顾名思义就是把产品设计快速表现图当中画得不理想的地方利用恰当的工具巧妙地修正过来的一种方法。

28. "求全法"的意思就是所画的产品设计快速表现图冷眼一看还算可以，但定神一看还有挖掘空间，于是我把这种在原作上做"点睛"加工的方法称之为求全法。

29. "将错就错法"顾名思义就是产品设计快速表现图当中偶尔会出现某个部位的不如意，为了节省时间、保证进度，我们往往会机智地将错就错，利用错误的笔触成就出一种"故意"的效果。

30. 所谓"起死回生法"就是在画产品设计快速表现图时，画来画去实在没有办法达到预想的效果，而处在一个束手无策的局面中难以摆脱，甚至将要前功尽弃，这时老师指破迷津使预想的产品设计快速表现图"失而复得"的一种方法。老师的寥寥几笔往往胜过滔滔不绝的解说，我们要用心，在老师的亲自示范教学情景中耳濡目染，培养自己的专业修养和艺术修养，只有这样才能使自己尽快地长成一名优秀的工业设计师。

31. 产品设计快速表现该强调的地方再小也不能落掉；出彩的地方再小也能动人。

32. 修改彩色铅笔作业有两种方法：一是用橡皮提亮，这叫做减法；二是用马克笔覆盖，这叫做加法。首先按照产品设计快速表现的画法原则——先压黑后提亮的程序，选用水性马克笔把产品的暗面压出来（做加法）。然后用橡皮把亮面提出来（做减法）。做减法这一步在彩色铅笔所画的笔触上进行才有效。

33. 注意：字体一旦用马克笔写在画面上，更改的可能性很小，所以要求在产品设计快速表现图上写字一定要小心，没想好先不写，有了把握再写。写字的功夫是要练的，没有写字功底的设计者是不合格的设计者。

34. 在产品设计快速表现中，最重要的是在尽可能短的时间里把要表现的产品表现出来。要想很好地把产品表达得淋漓尽致，得需要众多方面的功底作依托，比如说，美术功底、艺术鉴赏功底，生活阅历等。

35. 一般来讲，背景用色要考虑到所画产品的颜色，一旦铺出了背景，也就决定了画面主体产品的颜色。笔触的大小、长短、方向、虚实、飞白、留空等都要取决于所要表现的产品，笔触的大小、长短、方向要取决于产品的形体结构，它更接近国画六法中的"骨法用笔"。虚的地方和留的飞白处可做灰面或是尖硬、光亮材质上的折光，留空的地方可做高光。背景色的涂出，实质上已经完成了三个任务：一是画出了产品的固有色；二是画出了画面的灰色调(中间色调)；三是决定了背景效果。后面的工作就是在这个灰色调上画出产品的暗部、重颜色的地方和亮部、浅颜色的地方。然后用简练、流畅的几笔在产品的重要结构处或决定产品外形的轮廓处画出能够烘托产品形体和颜色的衬景，最后用属于画面上最重、面积最大的重颜色画出产品的裙脚色，它可以看做是产品的投影，也可以看做是地平面等。

36. 特别提示：产品设计快速表现切忌大面积的提高光和大面积的画亮色。

第2章 | 诀要之一 产品设计快速表现的工具材料选用

2.1 笔

产品设计快速表现的完美与否,工具材料的选择非常重要,笔是首中之首。熟悉各种性质笔的性能与特点,对做好产品设计快速表现有着非常大的帮助。可选用的笔大致有如下几种:

2.1.1 黑色中性笔(或黑色碳素针管笔)

我们在做产品设计快速表现之前,除了按所画效果图的大小选择1.0、0.8、0.5等粗细的黑色水笔之外,还要根据所画线条曲直的需要选择黑色中性笔或黑色碳素针管笔。<u>由于黑色中性笔的笔头是球状的,所以它适合画流畅圆润的曲线条;由于黑色碳素针管笔的笔头是管状的,所以它适合画挺拔坚硬的直线条。</u>两种笔所画线条笔迹不易溶于水而且牢固不易褪色。

图2-1
黑色中性笔:由下而上1.0、0.8、0.5。该笔适合画流畅圆润的曲线条,笔迹不易溶于水。

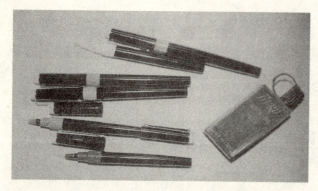

图2-2
黑色碳素针管笔：该笔适合画挺拔坚硬的直线条，由于笔内灌装的是黑色碳素墨水，因而笔迹更不易溶于水。但是该笔有一个弱点，就是碳素墨水易沉淀枯竭，因而该笔较长时间不用时便会造成针管堵塞不下水。

图2-3
黑色中性笔徒手所画曲线，线条流畅圆润。徒手画曲线条是产品设计快速表现的基本功，练好这样的基本功有两个途径：<u>一是平时笔不离手多画（最好是有目的地画），二是多搞产品设计，在产品设计过程中通过反复画产品带动线条表现的基本功。</u>过去纯粹美术创作讲究"创作带动基本功"，今天我们号召"设计带动基本功"。

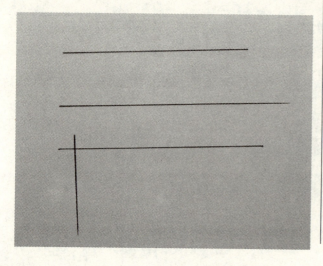

图2-4
黑色碳素针管笔所画直线，线条挺拔坚硬。在产品设计中，直线可以徒手画也可以利用工具去画，在快速表现产品时一般所使用的直线分为线段、射线、交叉线等。诀要：<u>如图的最上方所画线条为线段形式，一般用在规范产品内部的实体形象中；图的中间所画线条为射线形式，一般用在表现产品的外部轮廓和裙脚线上；图的最下方所画线条为交叉线形式，多用于表现产品没有背景部分的外部轮廓，该交叉线的组合形式要根据需要，画成一根线段与一条射线的组合，或横为线段竖为射线，或横为射线竖为线段，为的是追求变化。</u>

图 2—5
黑色中性笔在画线段练习时与画射线练习时的组合运用，图的左部为射线组合运用；图中右部为线段的组合运用，两种形式的线条灵活、多变的使用会产生极为丰富的视觉效果。此图为徒手画出的效果，亦可使用不同工具、模板规范着去画。

图 2—6
黑色中性笔在画线段、射线、弧线、折线练习时的组合运用。

图 2—7
黑色中性笔作线的组合练习。

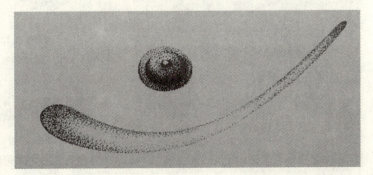

图 2—8
黑色中性笔作点的组合练习。

图 2-9
黑色中性笔(或黑色碳素针管笔)所作产品设计快速表现图的线稿。注意产品外部轮廓线条形式的运用和产品内部规范形体线条形式的运用。

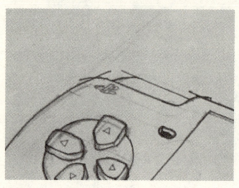

图 2-10
产品左上角外轮廓交叉线形式的处理。

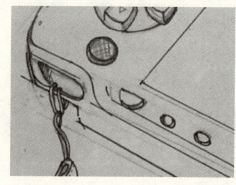

图 2-11
产品左下角外轮廓交叉线形式的处理。

图 2-12
产品右上角外轮廓交叉线形式的处理。

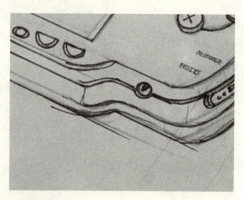

图 2-13
产品右下角外轮廓交叉线形式的处理。

图 2-14
产品内部形体规范线条形式的处理。

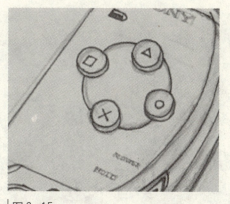

图 2-15
产品内部形体规范线条形式的处理。

图 2-16
产品内部形体规范线条形式的处理。

图 2-17
产品内部形体规范线条形式的处理。

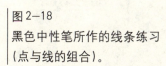

图 2-18
黑色中性笔所作的线条练习（点与线的组合）。

图 2-19
黑色中性笔所作的线条练习（字体）。李娟　书。

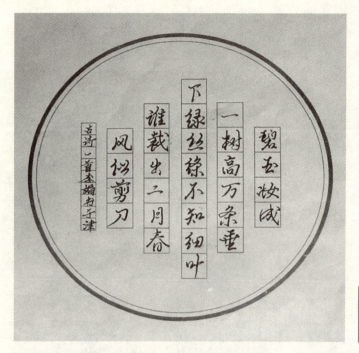

图 2-20
黑色中性笔所作的线条练习（字体）。李娟 书。

图 2-21
黑色中性笔所作的速写。王胤 画。

图 2-22
黑色中性笔所作的速写。王胤 画。

2.1.2 马克笔

目前市场上可买到的马克笔有三个种类——水性、酒精性、油性。画不同的地方要选用不同性质的马克笔，这非常重要。

马克笔单从外形上看有时不好分出是哪种类型，分辨类型的办法有三种：第一种：看笔身上的英文或汉字标注Water Color Marker或Marvy Water Color是水性的，Alcohol Based Ink是酒精性的，油性的有时会有汉字标识；另外还有一种韩国产的酒精性马克笔，笔身上的英文标注是这样的：ShinHan Art International Inc。

第二种：**在纸上试画，水性马克笔的笔触整齐没有洇的效果且笔触不渗透（纸的背面看不到有颜色透过）；酒精性马克笔的笔触不整齐，有洇的效果且笔触渗透（纸的背面可看到有明显颜色透过）**，特别是笔的停顿处洇、透效果更明显，应特别注意，酒精性马克笔画出的颜色干的时候与湿的时候有所不同，颜色干了之后会变浅；油性马克笔亦有洇、透的特征，但它的**颜色干与湿没有变化**，特别提示油性马克笔几乎没有灰色系。

第三种：用鼻子闻，水性马克笔几乎闻不出味道；酒精性马克笔会闻到酒精的味道；油性马克笔会闻到一种类似苦杏仁的味道。

（1）水性马克笔

水性马克笔的特点是色彩非常丰富且易溶于水，是非常理想的快速画法工具。

水性马克笔①Water Color Marker，此种水性马克笔的笔身为方形，一支笔具有两支笔的功能：功能一，是用笔的宽头画面；功能二，是用笔的小头画线。

水性马克笔②Marvy Water Color，此种水性马克笔的笔身为圆柱形，它只有一个宽头，而且比水性马克笔①的笔头要窄，适合画一些较窄的面。水性马克笔①与水性马克笔②混合使用比较理想。

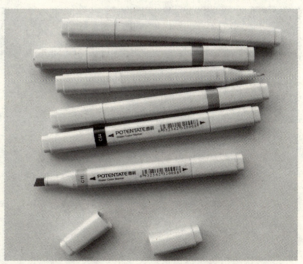

图2-23
水性马克笔①Water Color Marker。

图 2-24
水性马克笔② Marvy Water Color。

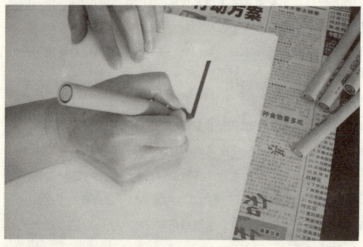

图 2-25
横用(用宽面画)水性马克笔②画出的宽笔触,整齐利落。

图 2-26
竖用(用窄面画)水性马克笔②画出的窄笔触,挺拔流畅。

图 2—27
用水性马克笔①的宽笔头画出的不同感觉的大笔触，整齐利落、挺拔流畅。诀要：<u>画曲线时记住，笔头不论是横向还是纵向，在运笔时要永远保持一个方向，不要随意转动，这样才能出现如图中那样的曲线，写字更是如此。</u>注意：用水性马克笔画出的任何一种线条，其轮廓都非常整齐，没有洇的效果。

图 2—28
用水性马克笔①的宽笔头画出的具有"色"的变化的面。<u>所谓"色"的变化的面，就是用同一支笔画出同一种颜色的深浅变化的画面。</u>诀要：<u>首先把握或从密到疏，或从疏到密的笔触排列的顺序。而且笔触的形式要有讲究，富有变化，水性马克笔的突出特点之一是笔触层次分明，重叠处会变深，我们要抓住这一特点灵活运用，使其达到预想的效果。</u>

图 2—29
画面上重的地方即为笔触的重叠处。(在需要加重的地方用同一支笔做笔触的重复，便可出现如图的效果)。

图 2—30
水性马克笔的突出特点之二是笔触透明，毫无覆盖能力，我们也要利用这一特点巧妙地得到想要的结果。诀要：<u>图中的左半部分是用蓝色的水性马克笔在黄底色上画出形象，结果，蓝色与黄色重叠的地方变成绿色、蓝色与蓝色重叠的地方变成深蓝色、蓝色与蓝色与黄色重叠的地方变成深绿色，两种颜色巧妙地变成五种颜色，省时又省颜色。</u>重要提示：只有这样做才能体现出马克笔的特有表现语言；图中的右半部分是利用<u>蓝色与红色的重叠产生出紫色。</u>

图 2-31

用马克笔涂出成片的背景，在产品设计快速表现中常常运用。大家一定记住，背景是用来烘托主体产品的，千万不能喧宾夺主。画背景特别记住的要诀是：<u>用色不重且忌艳，用笔不单且忌滥</u>。"用色不重且忌艳"相对而言容易做到，"用笔不单且忌滥"就不是那么容易做到了。那么怎样才能做到用笔不单调而且还不泛滥呢？见图2-32。

图 2-32

"N"字笔在涂成片的背景时的运用。诀要：<u>其实"N"字不论是左旋转90°还是右旋转90°，都与汉字的"之"字相似，在中国绘画构图中"之"字形是美的标志。把它放到产品设计快速表现的画法中同样成立。</u>因而我们将这些笔法形式称为<u>马克笔表现语言</u>。

图 2-33

用水性马克笔①的宽笔头画出的具有"彩"的变化的面。<u>所谓"彩"的变化的面，就是用两种以上颜色的马克笔表现出具有色彩变化的画面</u>。先用淡黄色画一遍背景并有意留出空白，然后在淡黄色的背景上用棕色再画一遍，注意要有目的地留出黄色，体现"彩"的特征。

图 2-34

上图完成后，若觉得还不够充分，可用同一支棕色笔在需要加重的棕色上再做重复。

图 2-35

用同一支水性马克笔做重复的其他笔触效果，突出"色"的变化。

图 2-36
用两种颜色的水性马克笔做笔触重复的效果,突出"彩"的变化。

图 2-37
用多种颜色的水性马克笔做笔触重复的效果,突出"彩"的变化。

图 2-38
用多种颜色的水性马克笔做笔触重复的另一种效果,突出"彩"的变化。

(2) 酒精性马克笔

酒精性马克笔的特点是色彩丰富且不易溶于水,它的色域比较宽广,具有明色系和灰色系。酒精性马克笔与水性马克笔的不同之处,我们在下面具体地讲一下:

1) 笔的外观特征

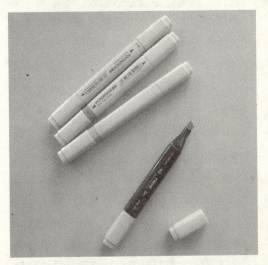

图 2-39
酒精性马克笔①的外观特征。

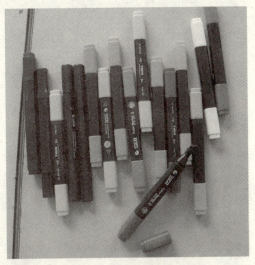

图 2-40
酒精性马克笔②的外观特征。

图 2-41
酒精性马克笔③的外观特征。

2）笔的内在原理

图 2-42
由于酒精性马克笔内含颜料所使用的介质材料为酒精，所以颜色的渗透力很强，正因为它的渗透特点而使得画在纸上的笔触产生洇的效果。画纸越厚纸质越软、吸纳性越强，洇的效果越明显。落笔稍一停顿就洇出一个大点，而且会透到画纸的背面，如果用的是成册的画本，下面的一页画纸就会印上颜色，严重时就会影响下一页纸的使用。

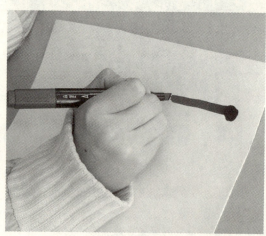

图 2-43
酒精性马克笔的笔触效果。在画产品设计快速表现效果图时要根据需要选择酒精性马克笔。

3) 笔触效果

图2-44
酒精性马克笔与水性马克笔的笔触效果对比：左起，1.为酒精性马克笔的快速运笔笔触效果，2.为水性马克笔所画笔触，3.为酒精性马克笔慢速运笔笔触效果，4.为水性马克笔重叠笔触效果（笔触未干时的重叠画法效果），5.为水性马克笔重叠笔触效果（笔触干后的重叠画法效果），6.为酒精性马克笔重叠笔触效果（笔触未干时的重叠画法效果，若笔触干后重叠则颜色加深的效果没有水性马克笔那么明显）。

图2-45
酒精性马克笔的笔触效果。

图2-46
酒精性马克笔的笔触干后重叠的效果，颜色加重效果不明显。

图2-47
酒精性马克笔的笔触未干重叠的效果。

图2-48
酒精性马克笔笔触重叠加深的效果。

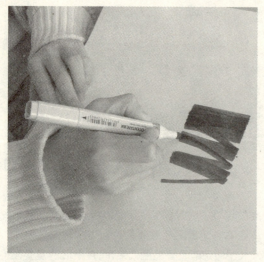

图 2-49
笔触重叠时的运笔状况。诀要：需要画洇的效果时选择酒精性马克笔，而且按你需要洇的程度大小选择干画还是湿画。

图 2-50
画水润、朦胧的笔触效果时，要选择酒精性马克笔。

图 2-51
干画或湿画取决于你的需要。

图 2-52
笔触的重叠与否也要根据你的需要。

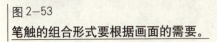

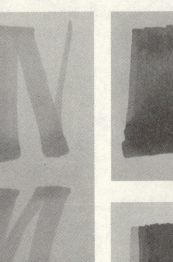

图 2-53
笔触的组合形式要根据画面的需要。

图 2-54
酒精性马克笔笔触多次重叠后的效果。

图 2-55
两种颜色的酒精性马克笔笔触的重叠。

图 2-56
酒精性马克笔的笔触运用。

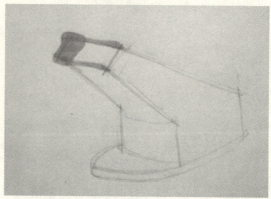

图 2-57
酒精性马克笔渗透的状况(此为画纸的背面所见)。

图 2-58
酒精性马克笔所画产品的轮廓状况。

图 2-59
肯定地说用酒精性马克笔画产品的外轮廓不适宜。

（3）油性马克笔

油性马克笔的最大特点是色彩鲜艳且不溶于水。由于该类型的笔没有灰系列的颜色，故在产品的快速表现中不常用。但是黑色特别有用，因为它的黑特别饱和，比其他性质的马克笔的黑都重，所以常把它的黑用作压黑处和画裙脚线处。

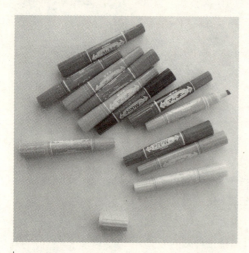

图 2-60
彩色油性马克笔，它也有洇、透的效果。

图 2-61
黑色油性马克笔，它的黑比其他马克笔的黑都重。

以上所讲三种类型的马克笔各自有各自的特点，我们要善于利用它们，有时我们会觉得某一类型的马克笔有缺点，不好用。其实，你如果用心体验的话，有些所谓的缺点很可能是你还未发现的优点。比如说：很多人认为酒精性马克笔的"洇"、"透"是较大的缺点，不去选用它。可是如果在画汽车玻璃、塑料薄膜等硬或软的透明材料时，你会发现它是再理想不过的工具了，那个"洇"、那个"润"、那个"朦胧"都是其他类型的马克笔所不具备的，你说它是缺点还是优点？我在上课时常跟学生讲：**"不要轻易舍弃某种工具、不要轻易舍弃某种尝试，对某些'缺点'不要轻易说不，美就在矛盾中。我们要善于在'失败'中发现美的存在。"**

通过尝试我们会发现，各种类型的马克笔具有相互不能代替的优点，综合它们的优点我们可以画出无穷无尽的变化效果，使产品设计快速表现的语言更加丰富、强烈。下面我用各种类型的马克笔做一组试验，希望它能给大家一个提示，帮助大家顺着这个思维方式拓展想象的空间，用它变换出无穷无尽的笔触效果来服务于我们的"产品设计快速表现"。

图 2-62
水性马克笔与水性马克笔结合画出的笔触。此效果是趁第一层笔触未干马上画第二层笔触产生的。层次委婉，效果柔和。

图 2-63
水性马克笔与水性马克笔结合画出的另一种笔触。此效果是在第一层笔触完全干后再画第二层笔触产生的。层次分明，效果生动。

图 2-64
酒精性马克笔与酒精性马克笔结合画出的笔触。此效果是趁第一层笔触未干马上画第二层笔触产生的。层次柔和，效果朦胧、水润。

图 2-65
酒精性马克笔与酒精性马克笔结合画出的另一种笔触。此效果是在第一层笔触完全干后再画第二层笔触产生的。有层次感，但不像水性马克笔那样层次特别分明。

图 2-66
酒精性马克笔还有一个不易被发现的特点，那就是画在纸上的颜色干后会变浅。

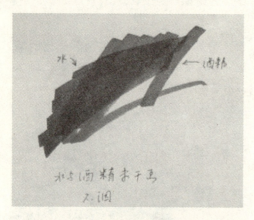

图 2-67
水性马克笔与酒精性马克笔结合使用产生的效果。先用水性马克笔画底色，然后用酒精性马克笔在其上画所需的笔触。特点是，即便是水性底色未干，所画上去的酒精笔触也不像水性与水性未干重叠画笔触那么洇。

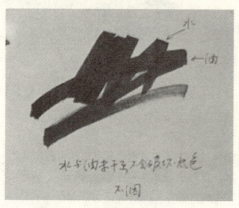

图 2-68
水性马克笔与油性马克笔结合画出的笔触。先水性马克笔画第一层笔触，然后再用油性马克笔在其上画第二层笔触，结果两种笔触毫不影响，即便是第一层水性笔触还很湿。

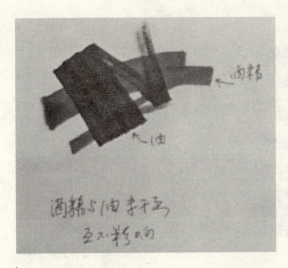

图 2-69
酒精性马克笔与油性马克笔结合使用画出的笔触。相互毫不影响。

图 2-70
马克笔的枯笔效果。无论是哪一种类型的马克笔，总有颜色用尽或将要用尽的时候，我们可用这些笔画一些特别需要的效果。如果笔里的颜色完全用尽，可在笔头上临时蘸些水去画，也可出现如图所示的效果。

2.1.3 彩色铅笔

彩色铅笔分水溶性与非水溶性，它的特点是使用方法简便，就像使用普通绘图铅笔画素描一样使用，而且色彩丰富，便于掌握。唯独讲究技巧的是"水溶"。

图 2-71
是否水溶性彩色铅笔，可以通过笔的包装和笔身上的汉语或英文标注去辨别，也可用毛笔蘸水在画在纸上的笔触上润一下，笔触颜色能够润开的即是水溶性的，润不开的则是一般彩色铅笔。

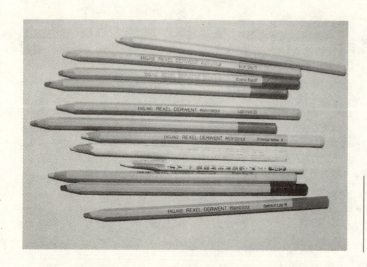

图 2-72
另一种水溶性彩色铅笔。还有多种档次不同的水溶性彩色铅笔，可根据需要去选择。

图 2-73
彩色铅笔"色"的笔触的排列效果。和其他性质的笔的笔触排列方法一样，仍然是由深到浅或是由浅到深、由密到疏或是由疏到密、由暖到冷或是由冷到暖、由枯到润或是由润到枯，变化多样地去排列，讲究变化、生动、帅气。

图 2-74
水溶性彩色铅笔的水溶效果。诀要：**先用彩色水溶铅笔从深到浅或从浅到深地排列笔触，然后用蘸好清水的毛笔润涂该笔触即可。记住，毛笔要从彩铅笔触的最深处平稳地向最浅处润涂，直到毛笔内的水分润净为止**，即得出如图所示的效果。

图 2-75

毛笔润涂水溶性彩色铅笔的状况。从色块的最重处润起，通过整个色块直到出现满意的过渡色为止。记住，毛笔运笔的方向应该顺着彩铅笔迹来回平稳地向浅处润涂，最巧妙的结果是，毛笔中的水分润没了而需要的过渡色也画出来了。另外，毛笔要选用毛质的水粉笔或水彩笔。

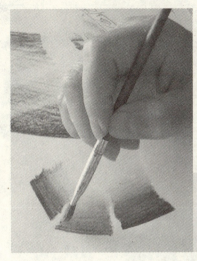

图 2-76

彩色铅笔的橡皮提亮效果。诀要：在画好的彩色铅笔的笔触上用橡皮擦出预想的亮面。注意，用手捏紧橡皮适度用力擦涂，你所选择橡皮擦面的宽度就是你要想擦出的亮面的宽度。记住，在彩色铅笔的笔触上擦亮面不像在普通绘图铅笔的笔触上擦亮面那么容易，可能得要重复几遍才能擦出。

图 2-77

在彩色铅笔的笔触上用橡皮擦出亮面的状况。

图2-78
彩色铅笔"彩"的笔触排列的效果①。

图2-79
彩色铅笔"彩"的笔触排列的效果②。

2.1.4 油画棒(或蜡笔)

油画棒(或蜡笔)是以蜡作介质制作的彩色画笔。它的特点是：笔触粗糙,有厚度且拒水。它的这一特点正为我们的产品设计快速表现提供了一个很好的诀要,巧妙地运用它能出现意想不到的效果。

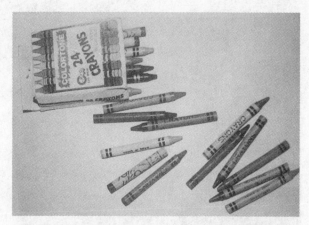

图 2-80
小号蜡笔的体积比较小,画出的笔触相对纤细,适合画产品的细微部位,如织物的纹理、产品表面的图案等。

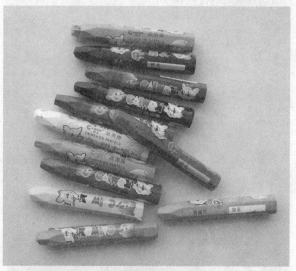

图 2-81
油画棒的体积比较大,因而画出的笔触也比较宽厚。<u>请留意,优质的油画棒画出的笔触要比蜡笔画出的笔触细腻得多,请根据所画材质的需要有针对性地选择蜡笔、油画棒或是优质油画棒。</u>

图 2-82
油画棒(或蜡笔)画织物的纹理。这一步要学会的是,应该选择什么颜色的油画棒(或蜡笔)和画什么形状的纹理,这取决于你要表现的产品。

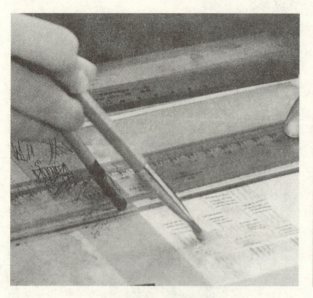

图 2—83
在画好的织物纹理上平涂所需颜色（水粉、水彩、透明水彩均可），即可得到一幅彩色的织物效果图。诀要（原理分析）：**由于油画棒（或蜡笔）具有拒水的特性，所以任你在其笔触上平涂水性颜色都不能遮盖它，而画纸没有画上油画棒（或蜡笔）笔触的地方则照样附着颜色。故此产生一种既有色彩变化又有毛绒感的肌理效果。**

图 2—84
用油画棒（或蜡笔）所画毛衣。该毛衣的质地看上去比较真实，肌理纹络比较复杂，如果按常规的画法，用其他类型的笔一笔一笔地去画可能很费时间，也出不来如此的效果，现在我们知道使用油画棒（或蜡笔）就变得简单了。画的程序和上面讲的一样，先用油画棒（或蜡笔）在铅笔稿上画出毛衣的纹络，然后再用水性颜料平涂整个毛衣便可，就这么简单。

图 2—85
用油画棒（或蜡笔）所画格形布料。

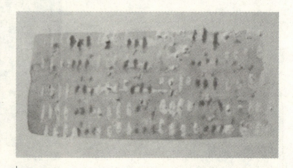

图 2—86
用油画棒（或蜡笔）所画提花丝巾面料。

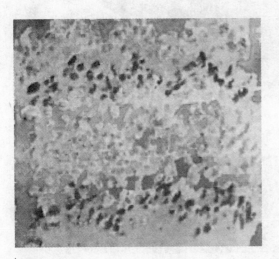

图2-87
用油画棒(或蜡笔)所画提花窗帘布。

图2-88
用油画棒(或蜡笔)所画石材。

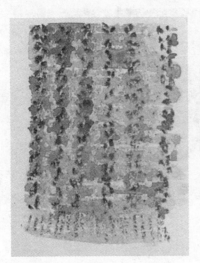

图2-89
用油画棒所画毛围巾。

图2-90
用油画棒所画单色编织手套。

图2-91
用油画棒所画多色编织手套。

图2-92
用油画棒(或蜡笔)所画窗帘布。

图2-93
用油画棒所画雕花线毯。

图 2-94
用油画棒所画毛织护腕。

图 2-95
用油画棒（或蜡笔）所画编织线毯。

图 2-96
用油画棒（或蜡笔）所画装饰布。

图 2-97
用油画棒所画毛织休闲帽。

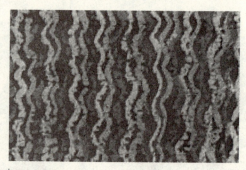

图 2-98
用油画棒所画剪绒毛毯。

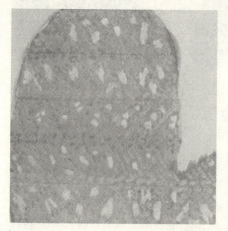

图 2-99
油画棒（或蜡笔）所画多色毛织手套。

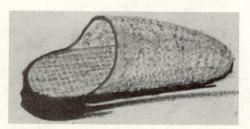

图 2-100
用油画棒（或蜡笔）所画毛织拖鞋。

图 2—101
用油画棒（或蜡笔）所画提花丝巾。

图 2—102
用油画棒（或蜡笔）所画藤编材料。

图 2—103
油画棒所画压花皮靴。

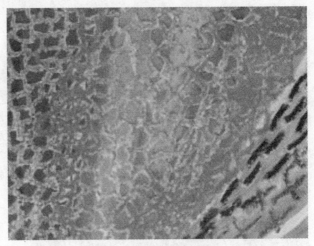

图 2—104
用油画棒（或蜡笔）所画压花皮革材料。

2.1.5 硬尖笔

硬尖笔可以是一种自制的工具。它的制作法有多种，首先可以用坚硬的金属材料如不锈钢条磨制而成（尖部一定要圆滑，以不刺纸为宜），还可以用废弃的圆珠笔代替（用尽水的圆珠笔）等。这种工具用处非常大，用它可以"制造"出细腻的织物材料和一些特殊的肌理。

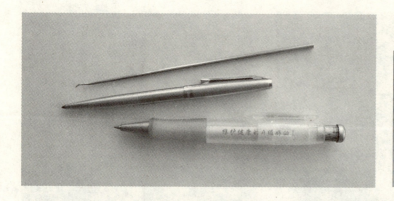

图 2-105
自制的硬尖笔。图中最上部的一支硬尖笔是用不锈钢材质的钩花针改制而成的,下面两支是用废弃的圆珠笔代替而成(用尽水的圆珠笔)。

图 2-106
用硬尖笔刻画出预想的纹理。

图 2-107
在用硬尖笔刻画出的纹理上平涂出颜色(任何种类的液体颜料都可以)。诀要(原理分析):<u>由于硬尖笔在纸上刻出的纹理是凹形的,因此在其上平涂的液体颜料会较多地积蓄在凹形的纹理中,待颜料干后,凹形纹理中的颜色会很明显地重于没被硬尖笔刻画过的地方,尽管涂上去的是同一种颜色,却能产生一种既有色的变化又有起伏变化的肌理效果。</u>

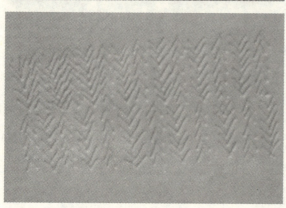

图 2-108
该图为图2-107的局部截取图。该技法可直接用于某产品的材质表现,也可局部截取后拼粘于需要的部位,以获取理想的材质效果。

图 2-109
用硬尖笔作另一种纹理的刻画。

图 2-110
在刻画的纹理上平涂水粉颜料即可。

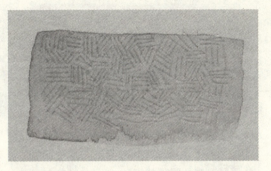

图 2-111
在硬尖笔刻画出的纹理上平涂水彩颜料后的效果。

图 2-112
硬尖笔与油画棒(或蜡笔)的混合使用则会产生出许多另外的质感效果,实质上油画棒(或蜡笔)就是固体材料。方法是:用硬尖笔先在纸上刻画出所需的纹理,然后用油画棒(或蜡笔)在刻画的纹理上作垂直于纹理方向的平涂,注意在平涂时不要做过多的笔触重复,否则硬尖笔的笔触会不够明显。

图 2-113
硬尖笔与油画棒(或蜡笔)的混合使用产生的肌理效果。

图 2-114
硬尖笔与油画棒(或蜡笔)的混合使用产生的肌理效果。

图 2-115
硬尖笔与油画棒(或蜡笔)与透明水色混合使用所产生的肌理效果。

图 2-116
硬尖笔与水粉颜料的混合使用产生的肌理效果。

图 2-117
硬尖笔与油画棒(或蜡笔)与水粉颜料混合使用所产生的肌理效果。

图 2-118
硬尖笔与油画棒(或蜡笔)与透明水色混合使用所产生的肌理效果。

2.1.6 毛笔

毛笔是我们常见的写字、绘画工具,在这里不作过多的评述,只是强调,产品设计快速表现所使用的毛笔一般是小号狼毫毛笔(如小衣纹、叶筋笔等)和水粉笔或水彩笔。

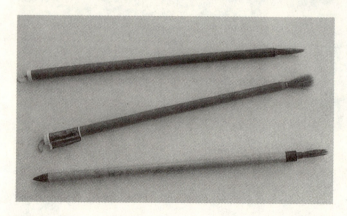

图 2-119
小号毛笔(小衣文笔或叶筋笔)。因狼毫的毛质较羊毫的毛质坚硬,所以适合画细致、挺阔的线条。

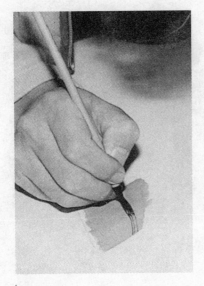

图 2-120
小号毛笔(小衣文笔或叶筋笔)画细致、挺阔的线条时的情景。如图所示是在画木纹,画之前先将笔蘸上适量预先调制好的颜料,再用手将笔尖分成多个细叉,然后在事先画好的木质底色上画出木纹形状的纹理。

图 2-121
用小号毛笔(小衣文笔或叶筋笔)画出的木纹效果。

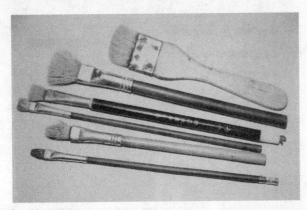
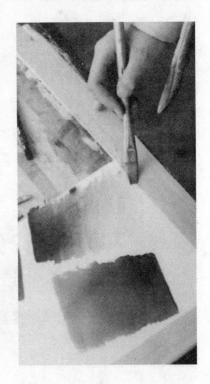

图 2-122
水粉笔或水彩笔。如果只用于画大面积的富有变化的色块时,建议选择毛质的笔,而不选择棕质和人造纤维质的笔。

图 2-123
画大面积色块时的情景。由于毛质画笔的含水量比棕质和人造纤维质画笔的含水量高很多,所以色块可以画得很大。

图 2-124
水粉笔或水彩笔画出的多色对接的色块效果。

图 2-125
该图为图2-124的局部截取图。该技法可直接用于某产品的材质和固有色表现,也可局部截取后拼贴于需要的部位,以获取理想的效果。

2.1.7 其他

当然除了上述种类笔的运用可以产生所需的、特定的效果之外,还有许多办法可以产生或者特定或者偶然的效果。比如说,透明水色的不同运用就可以产生许多意想不到的效果。如图所示:

图 2-126
透明水色的滴渗效果。

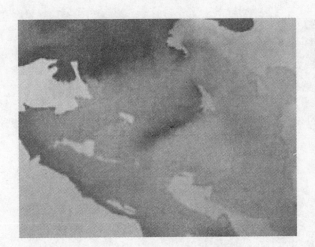
图 2-127
透明水色的泼墨效果。

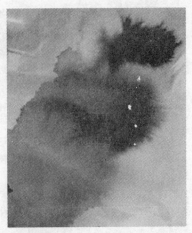
图 2-128
透明水色的水涸效果。

图 2-129
透明水色的吹色效果。

图 2-130
透明水色的滴色效果。

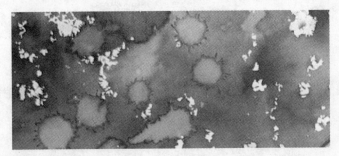
图 2-131
透明水色的干湿结合、滴色结合画法。

图 2-132
透明水色的干湿结合画法。

图 2-133
透明水色干湿、滴色结合画法。

图 2-134
透明水色多层覆盖、滴色结合画法。

图 2-135
透明水色与水粉色结合采用对印法制作出来的效果。

图 2-136
透明水色与水粉色结合采用对印法制作出来的另一种效果。

2.2 纸

产品设计快速表现所选用的纸应该是厚实、坚硬、平滑的,而且吸水性要求较低。有时需要表现特殊肌理效果时也可选择纸的本身带有肌理纹样的纸张,以达到理想的效果。

2.2.1 绘图纸

绘图纸对于初学产品设计快速表现的学生来讲是再好不过了,因为它的纸质基本上符合上述的要求,最重要的是价格便宜,所以做练习时多用一点也不太心疼。该纸在画产品设计快速表现图时应该选择没有亮光的一面。

2.2.2 水彩纸

水彩纸是一种特制的专业纸张，纸的本身具有一种特殊的肌理纹样（正面是凸起的颗粒，背面相对光滑），它具有厚实、坚硬及吸水性低的特性。选择它的背面（相对光滑的面）画产品设计快速表现图非常合适。如果选择纸的正面（有凸起颗粒的面）画一些特需的肌理效果也非常有帮助。

2.2.3 彩色打印纸

如果只是单纯地画产品设计快速表现图而不需要表现出其他特殊的肌理效果，选择彩色打印纸是最合适的。因为它具备产品设计快速表现的所有要求，是理想的用纸。

2.2.4 有色纸

有色纸的选择是为了某种特定的需要，如表现主体颜色的需要或是表现背景颜色的需要，甚至有时是表现特殊爱好的需要等。不论是哪种需要目的是同样的，那就是既快又有效果。可用的有色纸有：彩色版纸、黑板纸、虎皮纹纸等。

2.3 颜料

由于产品设计快速表现所使用的工具都是便捷的，所以它们往往代替了许多传统的颜料，如水粉颜料、水彩颜料在产品设计快速表现中就很少使用，除非特殊需要。这里唯独有一种颜料是常常会派上用场的，这就是透明水色。

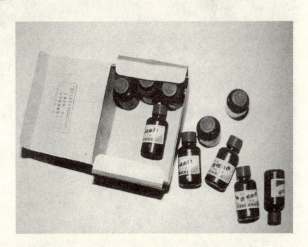

图 2—137
透明水色。

透明水色是产品设计快速表现用得着的一种便捷颜料，无论是它的性能还是价格都非常适合学生使用。我们在画产品设计快速表现图时，恰到好处地运用透明水色可以产生其他颜料所不能产生的效果。透明水色的特点是色彩鲜艳明亮，透明度极高，渗透力很强，笔触效果干净利落、层次分明，而且可以用水调配出许多柔和的灰色调。

2.4 其他工具

2.4.1 槽尺

槽尺是自制工具，它是用两把50cm长的有机玻璃尺粘合在一起而成的。具体做法是，把两把买来的尺子，先取一把平放于桌面，刻度的反向字体面朝上，然后在尺子没有刻度的一边标出5mm宽的标记，在标记往下一点的位置贴上双面胶（如果是宽双面胶贴一条即可，如果是窄双面胶就贴两条），贴好双面胶后，再拿另一把尺子（刻度的反向字体面朝上）贴合在已粘好双面胶的尺子上，即成一把槽尺。记住：两把尺子错位处所留出的槽是5mm；不要把尺子有刻度的反向字体面设计在5mm的槽口处，因为那样会影响笔在尺子上的滑动；上边的尺子也要求反向字体面朝上，是因为槽尺翻过去用时还可以量尺寸。如果有能力的话，最好找一块厚一些的有机玻璃板，自己裁成两把尺子粘合，这样会更厚实、挺硬、不打弯。

此尺是必需工具，画粗细不同的有色长直线用。

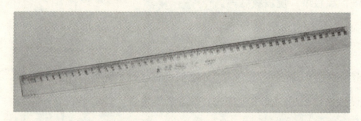

图2-138
自制好的槽尺。

图2-139
槽尺的用法示意图。

2.4.2 蛇尺

蛇尺是用来画任意圆滑曲线时用的，它的特点是任意弯曲圆弧形，是产品设计快速表现的辅助工具，在市场上可以买到。

2.4.3 模具板

模具板也是自制工具，可根据需要制作不同线形的模具板，它可以帮助我们画不同的线形、面形和遮挡出不同形状的色块。

产品设计快速表现诀要　048 | 049

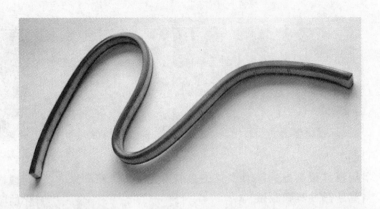

图 2-140
蛇尺。

图 2-141
硬纸板或塑料板自制的模具板。

图 2-142
硬纸板或塑料板自制的模具板。

图 2-143
云形板模具板。

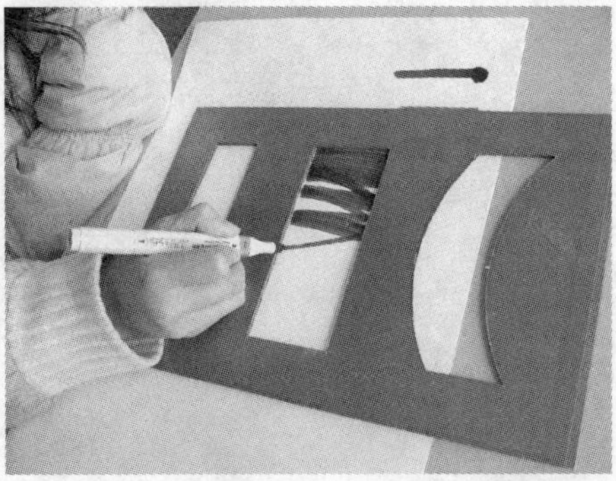

图 2-144
模具板的使用。

图 2-145
模具板使用状况。

图 2-146
用模具板画出的具有变化的色块（使用酒精性马克笔所画，具朦胧感）。

图 2-147
用模具板画出的具有"色"的变化的笔触（使用酒精性马克笔所画，具有洇的效果）。

图 2-148
使用模具板画出的具有变化的色块。

图 2-149
使用模具板画出的具有"彩"的变化的色块，底色是用酒精性马克笔所画，其左的笔触是用水性马克笔所画。

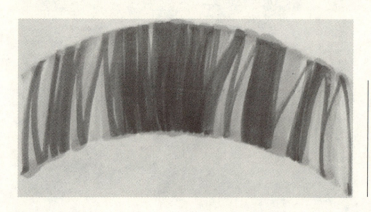

图 2-150
使用模具板画出的具有变化的色块，底色是用酒精性马克笔所画，其上的笔触是用水性马克笔所画（使用酒精性马克笔画过的地方是洇的）。

图2-151
图中工具箱和电熨斗的形态不太满意,想规范一下,就用上了模具板。

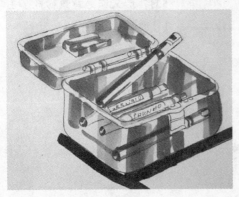

图2-152
规范工具箱的形体透视。

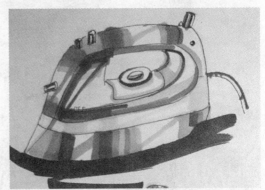

图2-153
电熨斗也是如此。

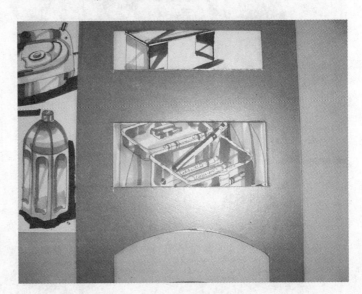

图2-154
选取合适的位置,放上模具板,用马克笔在矩形的框中画出具有变化的色块。

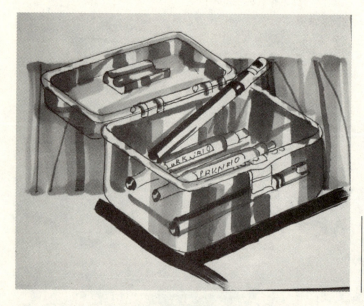

图 2—155
画出的色块既规范了工具箱的外形又作为背景衬托了主体形象。

图 2—156
画出的色块既规范了电熨斗的外形又作为背景衬托了主体形象。

2.4.4 介质材料

产品设计表现所用的介质材料有很多种，如盐、明矾、胶、油（或蜡）、蛋清等等。对于产品设计快速表现来说，常常使用的介质材料有盐、胶和蜡。现在我把我的使用经验介绍给大家，以便练习使用。

(1) 盐

关于"盐"介质材料，我在前两年出版的教材《产品设计表现技法》中，曾经把它归类到特殊技法一节中作了介绍，并命之"漂浮法"。**所谓漂浮法就是，把盐混合于水性颜料中，使颜料中水的比重加大，从而它会"漂浮"起画在纸上的颜料，并使其随着水分的慢慢蒸发由外向内一层一层地附着在画纸上而产生的一种形同烟雨、冰花样的图案。记住，加盐的方法是多样的，不同的加盐方法会产生不同的效果。另外，此方法在白色的画纸上使用效果会更明显。**

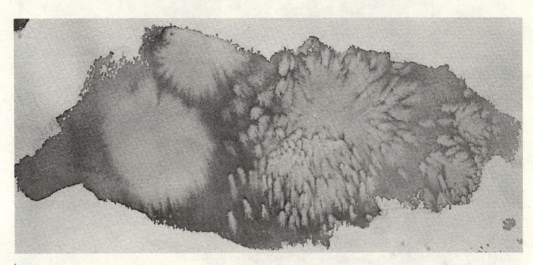

图2-157
盐介质材料的使用所产生的肌理效果。图的左部为施盐水法，图的右部为施盐粒法。**施盐水法会冲出一片空白，施盐粒法会产生不同大小、不同形状、不同深浅、不同色泽的斑点。根据需要可实施滴盐水、点盐水、喷盐水的方法和直接撒盐粒的方法。在水彩色上施盐。**

图2-158
图2-157的左部施盐水法局部效果。

图2-159
图2-157的右部施盐粒法局部效果。

图 2—160
盐介质材料的使用所产生的肌理效果。丰富色彩的处理，在水彩色上施盐。

图 2—161
可在对印出的水彩色面上施盐粒。

图 2—162
也可在用毛笔画出的水彩色面上施盐水。

图 2—163
盐介质材料的使用所产生的肌理效果。背景效果处理，在水粉色上施盐。

图 2—164
盐介质材料的使用所产生的肌理效果。背景效果处理，在透明水色上施盐。

(2) 胶

这里教大家学会使用的胶是无色透明的白乳胶或是具有遮盖能力的遮盖胶。白乳胶的性能是，胶体干后无色透明且着胶处凸起，可作出各种肌理效果的画面；遮盖胶可使用水彩画遮盖胶，用法是，将不需要着色的地方用胶盖上，然后把需要涂画的颜料任意通过其上来绘画，待颜料干后将胶膜揭去即留下原来画纸的颜色或前一遍涂上去的颜色。它的特点是，胶体留下的笔触轮廓清晰整洁，色彩毫无渗漏。

图 2-165
胶介质材料的使用所产生的肌理效果。将白乳胶点画在预想的位置上，待其干后把准备好的颜色通过其上平涂出如图的效果。

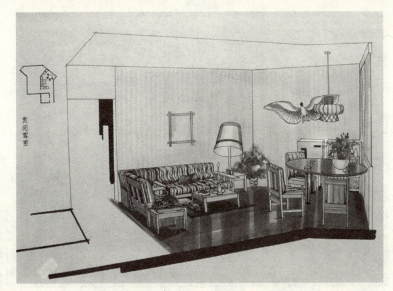

图 2-166
胶介质材料的使用所产生的肌理效果。室内墙壁效果的处理（白乳胶）。

(3) 蜡

　　蜡介质材料在前边的油画棒(或蜡笔)一节中已作阐述，这里就不作过多的重复了，要强调的是，油画棒(或蜡笔)既是一种工具又是一种介质材料，它具有双重身份，在产品设计表现技法这一技能性课程的讲授中不多见，我们要重视它。

　　蜡介质材料的使用方法实质上与我在前两年出版的教材《产品设计表现技法》中讲的"拒水法"道理是一样的，如需进一步了解时请参阅。

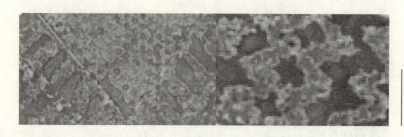

图 2-167
用蜡介质材料油画棒画出的"拒水法"效果。

图 2-168
用蜡介质材料油画棒画出的"拒水法"效果。

图 2-169
蜡介质材料的使用所产生的肌理效果。沙发软材料的处理。

图 2-170
蜡介质材料的使用所产生的肌理效果。沙发另一种软材料的处理。

图 2-171
蜡介质材料的使用所产生的肌理效果。鞋面装饰材料的处理。

图 2-172
蜡介质材料表现出的革质效果。

图 2-173
鞋面上的革质效果。

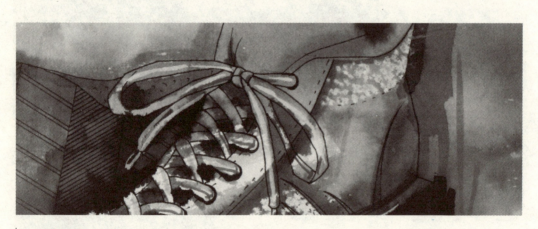

图 2-174
蜡介质材料表现出的运动鞋上的革质效果。

第3章 | 诀要之二　产品设计快速表现的画法

3.1　黑白法

　　"黑白法"顾名思义就是用单一的黑色中性笔快速表现产品的一种最简单的画法。前边"黑色中性笔（或黑色碳素针管笔）"一节中所讲的全部内容基本上都是为它作铺垫的，所以学习这一节的时候有必要回过头来温习一下"黑色中性笔（或黑色碳素针管笔）"一节。

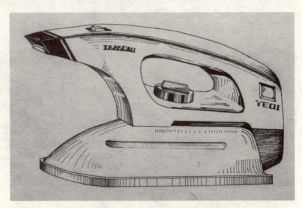

图3-1
黑白法快速表现效果图①。

图3-2
黑白法快速表现效果图②。

图 3-3
黑白法快速表现效果图③。

图 3-4
黑白法快速表现效果图④。

图 3-5
黑白法快速表现效果图⑤。

图 3-6
黑白法快速表现效果图⑥。

图 3-7
黑白法快速表现效果图⑦。

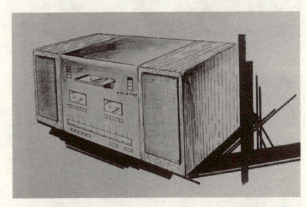

图 3-8
黑白法快速表现效果图⑧。

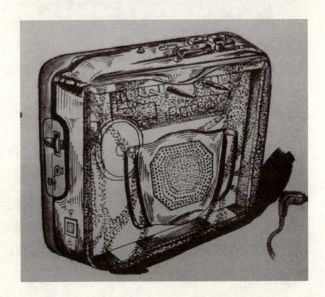

图 3-9
黑白法快速表现效果图⑨。

图 3-10
黑白法快速表现效果图⑩。

图 3-11
黑白法快速表现效果图⑪。

3.2 辅彩法

"辅彩法"顾名思义就是在黑白法的基础上，用简便的工具为黑白快速表现图辅助以简单的色彩，以增加快速表现图的直观效果。再说具体一点儿就是让观者在看到所表现产品的<u>基本形体之余，同时还可以看到所表现产品的基本颜色。</u>辅彩法是我们在搞产品设计时最常用的一种快速画法，所以我们要学好它。在初学者当中，确实存在一种情况，就是容易在相对长的时间里繁琐地把复杂的产品表现好，而不容易在较短的时间里简约地把简单的产品表现好。这种现象在绘画中称作"加法容易，减法难"。我在这里强调它是让大家知之为戒。

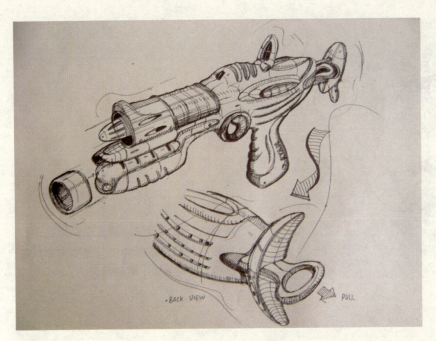

图3-12
辅彩法步骤一,使用黑色中性笔完成黑白法快速表现图。

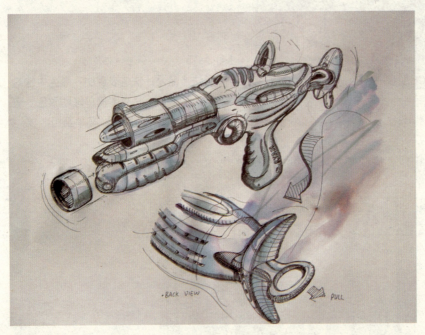

图3-13
辅彩法步骤二,用简便的工具为黑白快速表现图辅助以简单的色彩。此图所用颜料为透明水色。

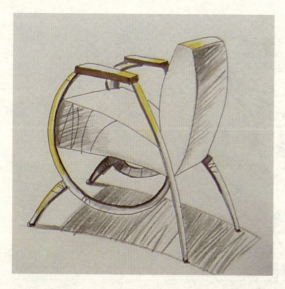

图 3—14
辅彩法产品设计快速表现图。黑色的彩色铅笔勾勒产品形体，马克笔简单辅助颜色，简单至极，效果显见。

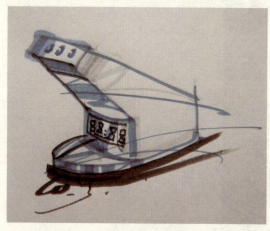

图 3—15
辅彩法产品设计快速表现图。黑色中性笔勾勒产品形体，马克笔简单辅助颜色，随意、规律、流畅、帅气，简单至极。

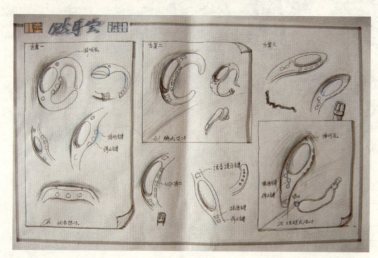

图 3—16
比较理想的辅彩法产品设计快速表现图。简单明了。

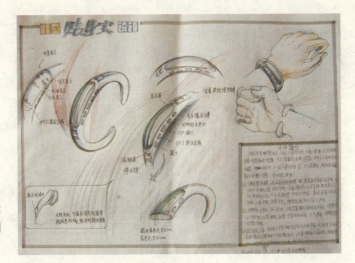

图 3-17
比较理想的辅彩法产品设计快速表现图。简单明了而且强调表现章法。

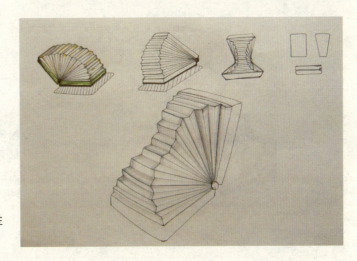

图 3-18
辅彩法步骤一,使用黑色中性笔完成黑白法快速表现图。

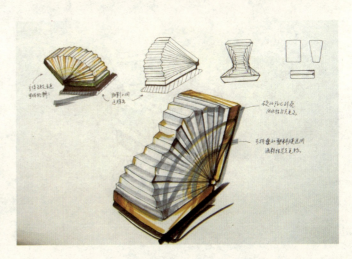

图 3-19
辅彩法步骤二,用简便的工具为黑白快速表现图辅助以简单的色彩。此图所用工具为酒精性马克笔和水性马克笔。

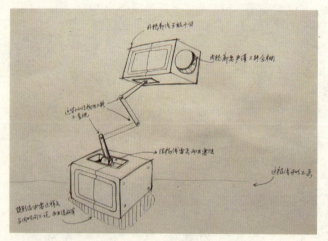

图3-20
辅彩法步骤一,使用黑色中性笔完成黑白法快速表现图。

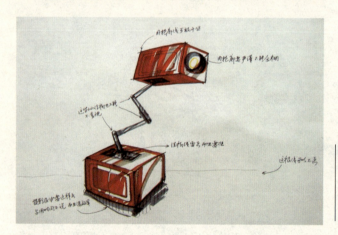

图3-21
辅彩法步骤二,用简便的工具为黑白快速表现图辅助以简单的色彩。此图所用工具为水性马克笔。

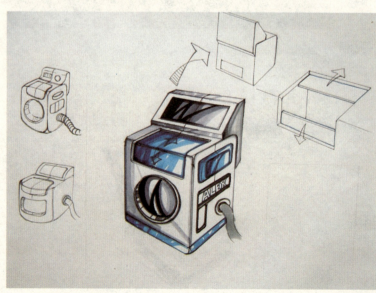

图3-22
比较理想的辅彩法产品设计快速表现图(形式一,分解图可以不辅色)。

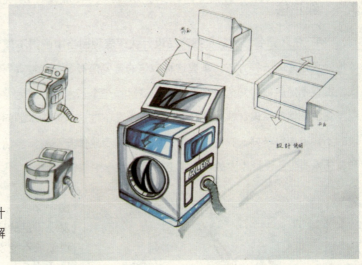

图3-23
比较理想的辅彩法产品设计快速表现图(形式二,分解图可辅以素色)。

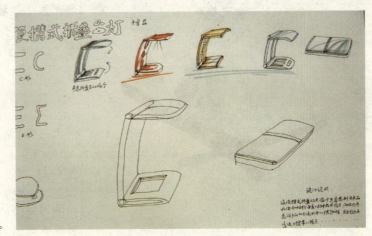

图3-24
辅彩法快速表现图步骤一。

图3-25
辅彩法快速表现图步骤二。

3.3 纠正法

"**纠正法**"顾名思义就是**把产品设计快速表现图当中画得不理想的地方利用恰当的工具巧妙地修正过来的一种方法。**掌握这种方法的首要前提是,你得具有能发现图中不足的能力;其次,发现不足后你得知道怎么做。其实这算作一个艺术修养和专业修养问题,假如说你面对刚刚画完的一幅产品设计快速表现图,连透视准不准这个最基本的问题都没有能力发现,或者发现后不知道如何是好,我说这就是艺术修养和专业修养不够。当然这种情况多数出现在初学者和非艺术类工业设计专业的学生身上,我在教学中常常遇到。

图3—26
发现不足的产品设计快速表现图。我不说你能不能发现它有什么问题?很显然是透视问题,其次是画法问题。你们看,这个笔插的底部透视是不是画错了?用笔是不是欠熟练?下面我只改几笔,你们看会出现什么效果。

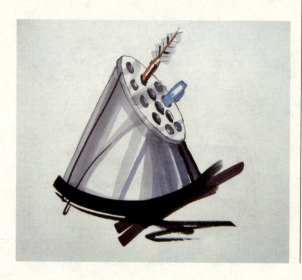

图3—27
纠正后的产品设计快速表现图。首先我用他使用过的水性马克笔,在笔插的身部有目的地重复他画过的笔触,然后用黑色水性马克笔画出两条较细的笔触,你们看原来拙劣的笔触不见了,而且还产生了层次感。笔插圆形底部透视的纠正,我没有继续使用他原本使用的黑色水性马克笔,而是改用黑色油性马克笔,覆盖出正确的圆形透视线条,笔触是不是非常肯定、简练而且流畅、帅气?通过简单几笔的纠正,你们看它算不算是一张较好的产品设计快速表现图?所以要求大家要不断地提高自己的艺术修养和专业修养及手头表现的功夫,同时还要提醒大家,不要对自己的作品轻言放弃。

图3-28
发现不足的产品设计快速表现图。

图3-29
纠正过程中的产品设计快速表现图。注意覆盖过的线条有什么特点(或规律),为什么覆盖它,落款有什么意义。

图3-30
纠正到最后的产品设计快速表现图,请观察一下这一步作了哪些改动。

图 3-31
车头部原始状况。

图 3-32
车头部纠正过程。

图 3-33
车头部纠正的最后效果。

图 3-34
车身及车轮的原始状况。

图 3-35
车身及车轮的纠正过程。

图 3-36
车身及车轮纠正的最后效果。注意马克笔所画的线条肯定、流畅、帅气、规律。

图 3-37
车顶部的原始状况。

图 3-38
纠正后的车顶部效果。

图 3-39
有严重缺陷的产品设计快速表现图。

图 3-40
纠正过程中的产品设计快速表现图。选择水性马克笔有目的地覆盖错误的笔触,注意,这次纠正解决了几个问题?

图 3-41
纠正到最后的产品设计快速表现图,继续用水性马克笔有目的地覆盖错误的笔触,至满意为止,注意,这次纠正最终解决了什么问题?

图 3-42
首先把产品设计快速表现图画完整了,这是解决的第一个大问题。

图 3-43
其次解决了形体、透视不准的问题。

图 3-44
再者解决了画法语言不突出的问题。

图 3-45
原始图状况。

图 3-46
纠正过程。

图 3-47
纠正的最后效果。

图 3-48
原始图状况。

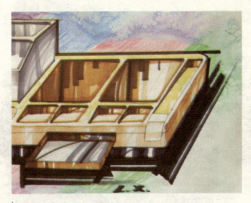
图 3-49
纠正过程。

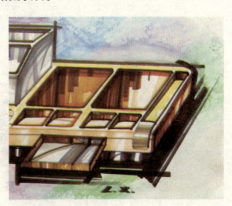
图 3-50
纠正的最后效果。

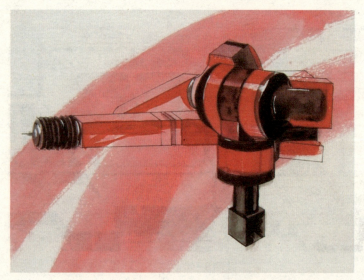

图 3-51
纠正前的产品设计快速表现图。

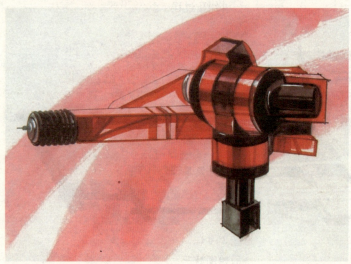

图 3-52
纠正后的产品设计快速表现图。

图 3-53
顶部原始状况。

图 3-54
顶部纠正后效果。

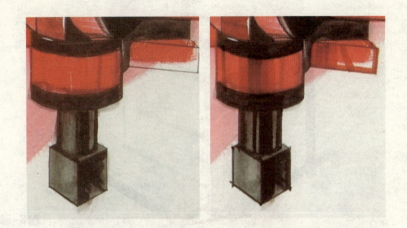

图 3—55
底部原始状况。
图 3—56
底部纠正后效果。

图 3—57
臂部原始状况。

图 3—58
臂部纠正后效果。

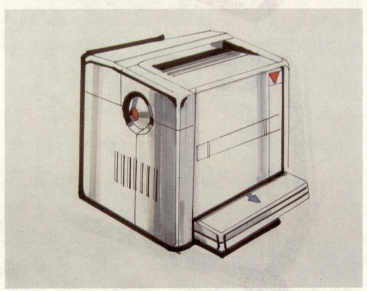

图 3—59
纠正前的产品设计快速表现图。

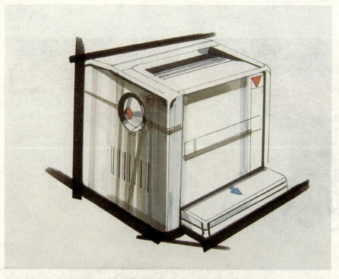

图 3-60
纠正后的产品设计快速表现图。

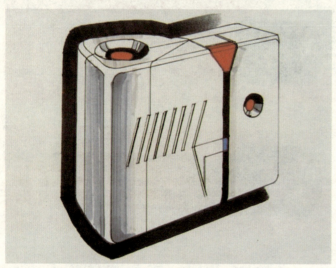

图 3-61
纠正前的产品设计快速表现图。

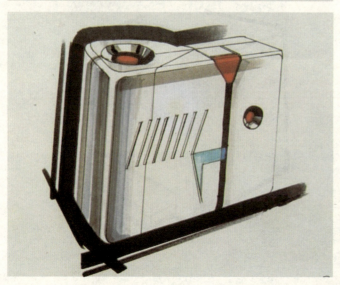

图 3-62
纠正后的产品设计快速表现图。

3.4 求全法

"求全法"的意思就是所画的产品设计快速表现图乍眼一看还算可以,但定神一看还有挖掘空间,于是我把这种在原作上做"点睛"加工的方法称之为求全法。

图 3-63
这张图乍眼看上去是不是还可以?如果用求全的眼光观察一下,能否发现问题?

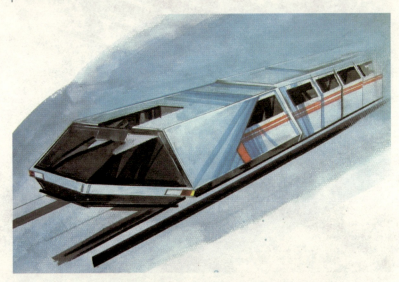

图 3-64
通过修改完的这幅图你可能就知道上一幅图中的不全之处了。注意:图中"全"了什么地方?

图 3-65
这幅图你可能更会感觉到"不错"。

图 3-66
可当你看到这幅图以后你会讲什么?

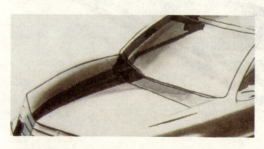 

图 3-67
原始图明暗过渡太突然且无表现语言。

图 3-68
"求全"后具层次感且突出表现语言。

图 3-69
原始图状况。

图 3-70
通过"求全"后具有空间感、层次感而且突出了产品设计快速表现的语言。

图 3-71
车轮的原始状况。

图 3-72
"求全"后增强了金属感等。

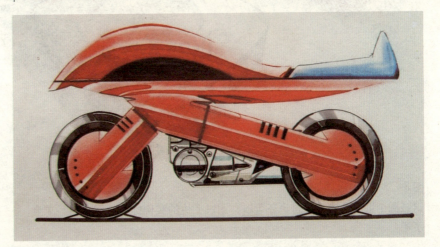

图 3-73
这幅图你认为怎样?

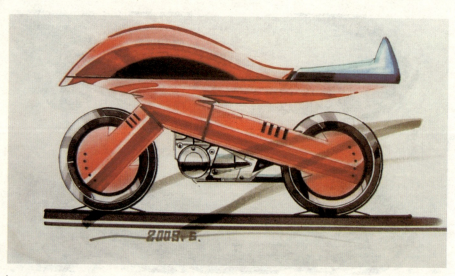

图 3-74
这幅图又怎样？

图 3-75
这张图乍眼看上去是不是也还可以？通过上边的实例你可能就会再"求全"一下了吧？

图 3-76
大家记住原图的相貌。

图 3-77
请大家再来看一下"求全"后的相貌。

图 3-78
原图的相貌。

图 3-79
"求全"后的相貌。

图 3-80
请与原图作比较。

图 3-81
这幅图使用了色粉,故有细腻的感觉。用色粉画会较慢且不好保存,因此,产品设计快速表现不提倡用色粉。

图 3-82
用水性马克笔"求全"了一下,你们看怎样?

图 3-83
液晶屏的原始状况。

图 3-84
液晶屏"求全"后的状况。

图 3-85
机身、键盘的原始状况。

图 3-86
机身、键盘"求全"后的状况。

图 3-87
碟盘、光驱仓的原始状况。

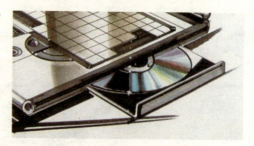

图 3-88
碟盘、光驱仓"求全"后的状况。

注意：此作品"求全"的主要方面是表现技法语言，其次才是形体、质感和色彩。

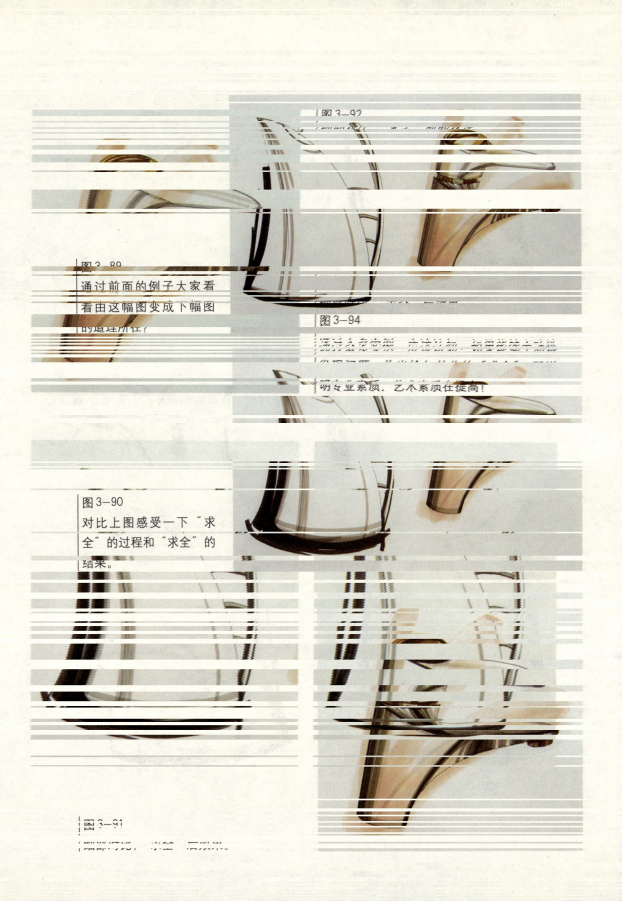

图3-89
通过前面的例子大家看看由这幅图变成下幅图的道理所在？

图3-90
对比上图感受一下"求全"的过程和"求全"的结果。

图3-93

图3-94

图3-91

图3-95
这张产品设计快速表现图在这个阶段拿出来让你看你怎么评价?

图3-96
我给它作了些添加你又怎么评价?

图 3-97
这张图也是如此,在我没作改动之前你先作个评价?

图 3-98
我稍作改动之后你再作一次评价。如果我的改动也正是你想做的,那么肯定地说你开始成熟了!下面我们来分析一下,这张图我们到底"求全"了什么。

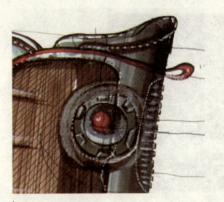

图 3-99
靴口部分原始状况。

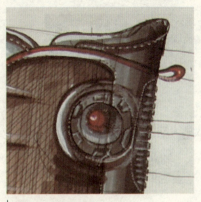

图 3-100
压黑提亮"全"了质感、空间感。

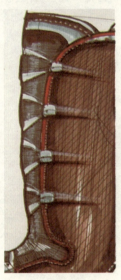

图 3-101
靴筒部分原始状况。

图 3-102
压黑提亮后增加了装饰扣的体积感。

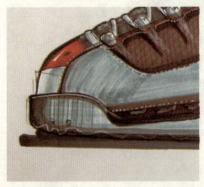

图 3-103
靴身前部的原始状况。

图 3-104
"求全"后增加"语言"感。

图 3-105
靴身后部的原始状况。

图 3-106
做了形、体、表现语言的"求全"。

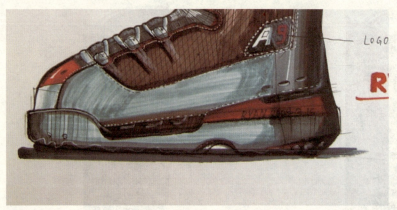

图 3-107
整个靴身的原始状况。

图 3-108
"求全"后整个靴身的状况。所用工具为：水性马克笔、毛笔、水粉色等。

图 3-109
这张图实质上是给你出了一个问题,如果它是你的一张作业,你急不急于马上交给老师?如果就这样把它交给老师了,老师会给你一个什么样的成绩?

图 3-110
假如这又是你另外完成的一张作业,你把它交给老师,这回老师又会给你一个什么样的成绩?正因为后者用了"求全法",所以不论是谁都知道结果是怎样的。

图 3-111
两张作业最明显的变化是视窗。

图 3-112
后者的感觉是不是谁都知道?

图 3-113
镜头"求全"前的样子。

图 3-114
镜头"求全"后的样子。

图 3-115
机身"求全"前的样子。

图 3-116
机身"求全"后的样子。它的变化感觉得到吧?我们要在这里得到"求全"的办法。

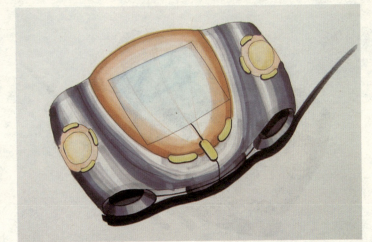

图 3-117
如果上一张作业你估的成绩靠谱儿的话，这次你可以当老师给这份作业打分了。这张作业你给打多少分？

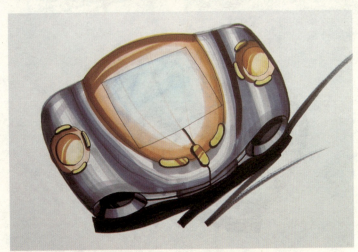

图 3-118
这样画你又给打多少分？

图 3-119
游戏机的视窗我想剪贴图片你看可以吗？

图 3-120
贴上图片后你看怎样?

图 3-121
最后效果是这样的,你看怎么样?此图的"求全"方法不言而喻,唯一要讲的是视窗的处理。见图 3-122~图 3-124。

图 3-122
如果徒手画可能会花时间,效果也不一定能好。

图 3-123
找一张合适的图片贴上去既省时省力又有效果,而且还体现了画者的多维能力。

图 3-124
贴上的图片看上去与手绘图有些不相容,用马克笔按照明暗关系画出视窗的凹凸感。

3.5 将错就错法

"将错就错法"顾名思义就是产品设计快速表现图当中偶尔会出现某个部位的不如意,为了节省时间、保证进度,我们往往会机智地将错就错,利用错误的笔触成就出一种"故意"的效果。也很神奇,不妨一试。

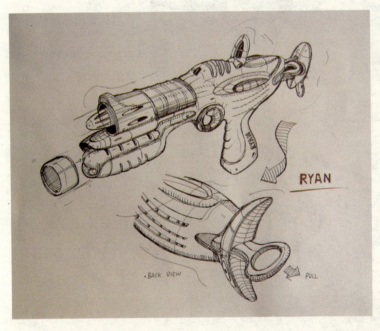

图 3-125
这是产品设计快速表现画法中的黑白表现法,图中有多处拙劣的笔触,详见下面的局部放大图。

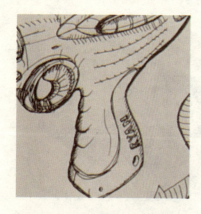
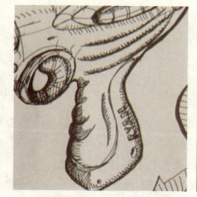

图 3-126
线条排列不到位而且死板。

图 3-127
在原来错误的笔触上，画出错落有序、富于变化的线条，强调中性笔的表现技法语言。

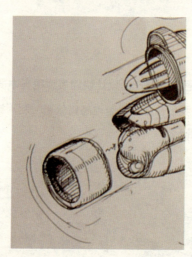

图 3-128
没有达到用笔的目的。

图 3-129
覆盖原来的笔触，增强物体的空间感。

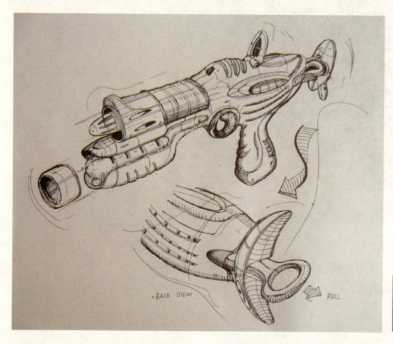

图 3-130
将错就错法画出的黑白法产品设计快速表现效果图。

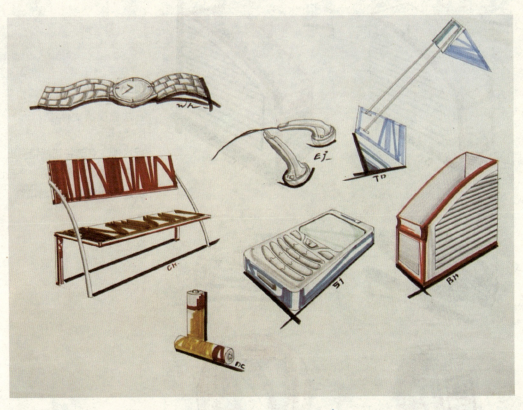

图 3-131
这是一张从垃圾箱里捡回的学生的作业,如果让你"将错就错"化腐朽为神奇,你会怎么做?

图 3-132
面对画面中毫无效果的椅子,你会用什么办法使它生还?

图 3-133
选择水性马克笔将错就错画出的椅子,你看怎么样?

图 3–134
画法错误的文件箱。

图 3–135
用水性马克笔将错就错画出的文件箱。空间感增加了,产品设计快速表现语言也同时增强了。

图 3–136
请你发现原作图中的错误。

图 3–137
将错就错第一步。

图 3-138
将错就错第二步。

图 3-139
将错就错画到最后，你把它与原作再比较一下！

图 3-140
看到此图你一定能确定出它错误到什么程度！

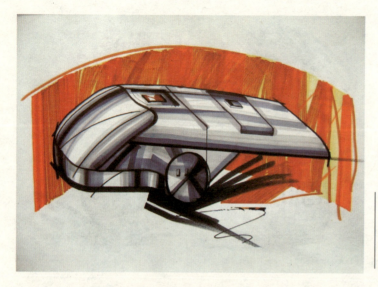

图 3-141
将错就错,画出富于变化又突出质感、空间感的有用笔触(借助模具尺)。

图 3-142
你能看出这一步将错就错的是哪些地方吗?

图 3-143
脚轮的初始状况。

图 3-144
脚轮的改变过程。

图 3-145
脚轮的最后效果。

3.6 起死回生法

所谓"起死回生法"就是在画产品设计快速表现图时,画来画去实在没有办法达到预想的效果,而处在一个束手无策的局面中难以摆脱,甚至将要前功尽弃,这时老师指破迷津使预想的产品设计快速表现图"失而复得"的一种方法。老师的寥寥几笔往往胜过滔滔不绝的解说,我们要用心,在老师的亲自示范教学情景中耳濡目染,培养自己的专业修养和艺术修养,只有这样才能使自己尽快长成一名优秀的工业设计师。

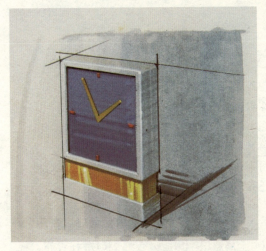

图3-146
这是在垃圾堆里捡来的一张作业,看得出是没有招数再继续完成下去了。

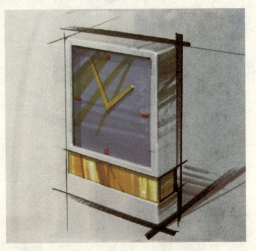

图3-147
通过寥寥几笔,你看是不是"起死回生"?

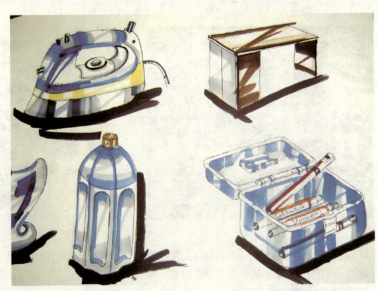

图3-148
这是一张被抛弃的学生作业,为了给学生示范"起死回生法"我把它捡来。

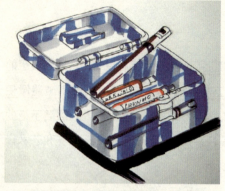

图 3-149
你看这个工具箱。
图 3-150
再看这个电熨斗。
图 3-151
还有这张办公桌！

为了让同学们学会"起死回生法",我在这里一一地示范讲解。同学们记住这么几个环节:(1)找准错误;(2)选对工具;(3)对症用笔;(4)全局意识;(5)胆大心细;(6)矫枉过正。

首先图中所表现的三个产品都存在着形体、透视的错误;其次是工具使用不熟练,笔法拙劣;再者是色彩关系没有处理好,画面没章法。在获取了这些信息后我决定用模具板和水性马克笔、油性马克笔作修改工具做"起死回生法"示范。

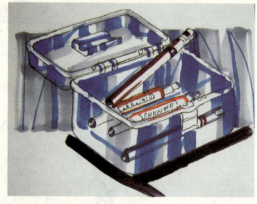

图 3-152
纠正工具箱形体错误的办法是在箱体后面加个背景,用它把工具箱外形的错误矫正过来,背景的形状要靠模具板规范出来,用法见图。

图 3-153
模具板规范出来的背景。

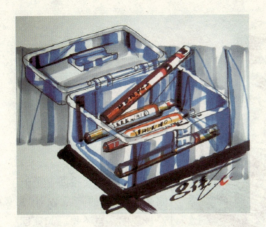

图3-154
用重色水性马克笔纠正工具箱的内形错误。

图3-155
用重色水性马克笔纠正工具箱的外形、透视错误,最后用黑色油性马克笔画出裙脚线。大家看怎么样?

图3-156
也是先用模具板给电熨斗画个背景,然后用重颜色的水性马克笔和油性马克笔纠正电熨斗的形体和透视。注意我把背景的颜色与主体的颜色搭配成补色关系。

图3-157
书桌的改法除了没加背景之外,其余的地方与其他两个产品的改法都是一样的。

图3-158
关键是纠正形体与透视的错误。

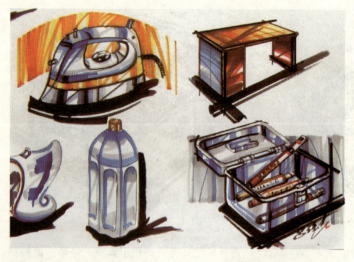

图3-159
通过如上处理,"捡回"了一幅效果不错的产品设计快速表现图,岂不是"起死回生"?

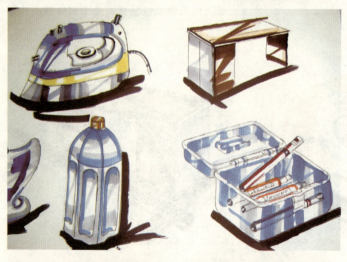

图3-160
原始效果图的状况,请与"起死回生"后的效果图作比较。

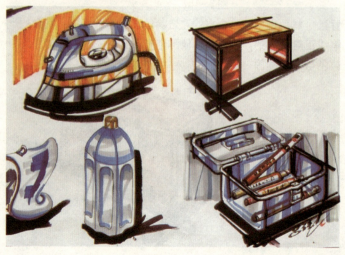

图3-161
"起死回生"后的效果图,请与原效果图作比较。

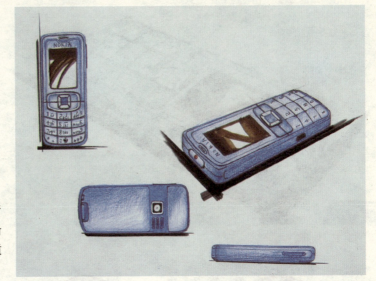

图 3-162
这又是一张将要抛弃的产品设计快速表现图（彩色铅笔表现图）。形体、透视、质感都有严重的问题。

图 3-163
要想使其起死回生，首先要解决形体、透视问题。请注意图中修改过的细节（使用黑色中性笔修改的）。

图 3-164
局部放大，比较修改过的地方。原图放大图。

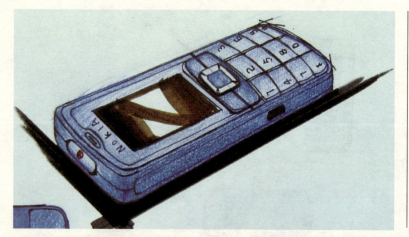

图 3-165
局部放大，比较修改过的地方。仔细看一下，看清楚哪些地方修改过（使用黑色中性笔修改的）。通过这一步，使其形体、透视得以纠正，而且从这一步开始，把原本没有突出出来的画法语言逐渐突出出来（如手机屏幕、导航键、数字按键和外形转折处的表现）。

图 3-166
手机屏幕、导航键、数字按键和外形转折处纠正后的状况。

图 3-167
纠正前的状况。

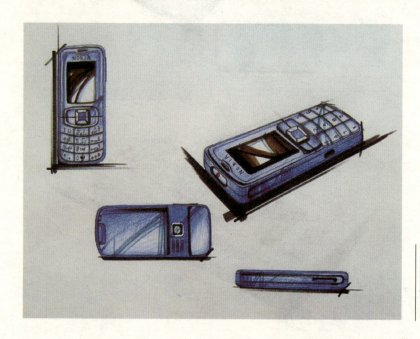

图 3-168
选用水性马克笔画产品设计快速表现效果线（马克笔表现语言线）。

产品设计快速表现诀要

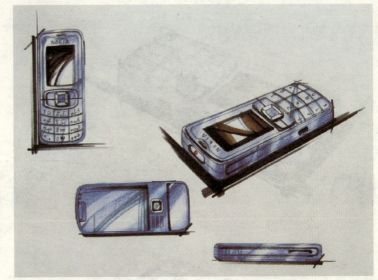

图 3-169
用橡皮擦出高光,记住:橡皮擦涂面积不要过大,找准空间关系,不要到处乱擦。大家看,眼前这张图是不是改变了原图的面貌。下面局部对比看一下它们的变化过程。

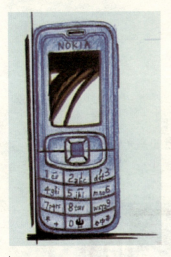

图 3-170
原图。

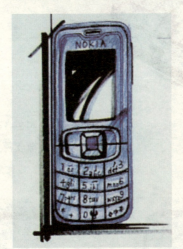

图 3-171
马克笔纠正后。

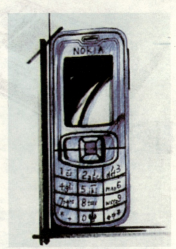

图 3-172
橡皮擦涂出高光后(最终效果)。

图 3-173
原图。

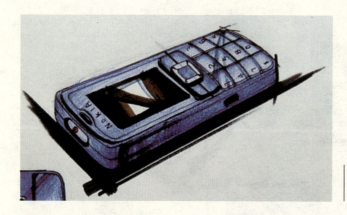

图3-174
马克笔纠正后。

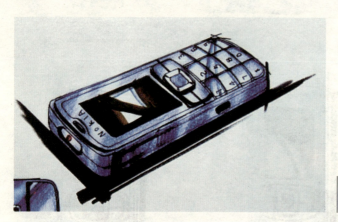

图3-175
橡皮擦涂出高光后(最终效果)。

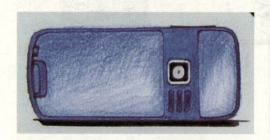

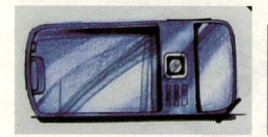

图3-176
原图。
图3-177
马克笔纠正后。
图3-178
橡皮擦涂出高光后(最终效果)。

图 3-179
原图。

图 3-180
马克笔纠正后。

图 3-181
橡皮擦涂出高光后（最终效果）。

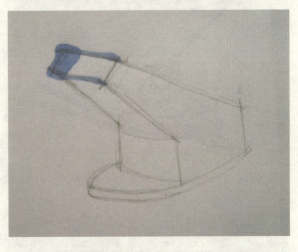

图 3-182
这是学生扔掉的一张作业，原因是错用了工具，画坏了。酒精性马克笔会洇的，我在上文里面讲过，学生忘记了。于是这张图又给我讲解"起死回生法"提供了素材。

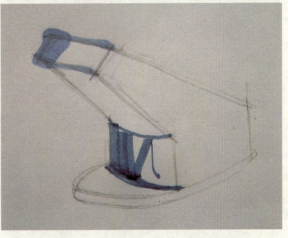

图 3-183
把原来使用的酒精性马克笔换成水性马克笔，你看还洇吗？

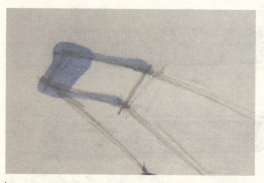

图3-184
酒精性马克笔所画的地方。

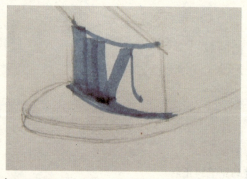

图3-185
水性马克笔所画的地方。

图3-186
一气呵成徒手画就的真正意义上的产品设计快速表现图(约一两分钟的时间)。

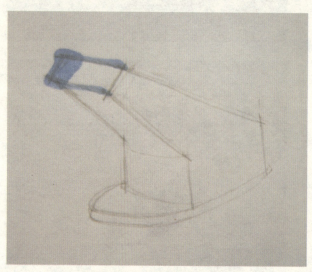

图3-187
原图,与画完的图作个对比,有何感受?

第4章 实例

下面我选了几个最近上课所作示范的实例,让大家从头到尾地看一下产品设计快速表现的完整过程。

实例一 比如说我们练习着表现一种材质、色彩、造型都不太复杂的电子产品,于是就找来了如图4-1所示的游戏机,准备用产品设计快速表现的方法对它进行写生,如下是示范的过程。

图4-1
电子游戏机产品原形。

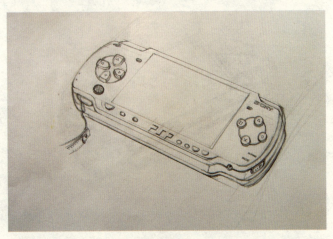

图4-2
第一步铅笔起稿。这一步的重要工作是:画准产品的形体、比例、结构、透视。

图 4-3
既然是写生,就要对照着产品尽量把它画详细。

图 4-4
黑色中性笔勾出产品的具体形态,记住,这一步还有一个重要任务,那就是纠正错误的铅笔线,使产品的形体、比例、结构、透视更加准确。

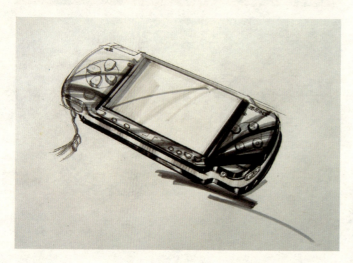

图 4-5
用水性马克笔画出产品的材质、颜色和马克笔快速画法的特有语言。

图 4-6
和原产品作个比较,看看材质、色彩的感觉如何。

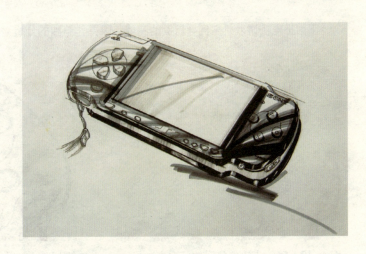

图 4-7
深入地刻画下零部件的感觉。

图 4-8
为了追求画面效果,加上一个简单的落款。

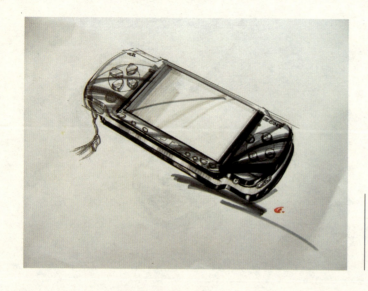

图 4-9
最后发现有些地方的质感不够强，于是再作强调。如左侧的导航键等。

下面把电子游戏机左侧导航键的完成步骤再作单独的分析：

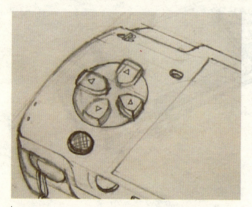

图 4-10　第一步铅笔稿时的状况。

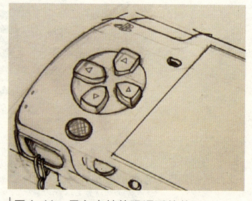

图 4-11　黑色中性笔强调后的状况。

图 4-12　用水性马克笔画的第一步。

图 4-13　导航键开始画笔触。

图 4-14
注意导航键的四个按键。

图 4-15
导航键的四个按键的变化。

这里应该说的是：**产品设计快速表现该强调的地方再小也不能落掉；出彩的地方再小也能动人。**

实例二 女士挎包产品的快速表现示范（透明水色与马克笔结合）。

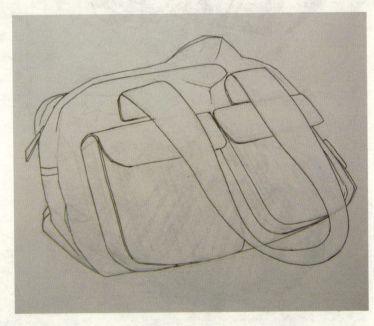

图 4-16
黑色中性笔线稿（铅笔线稿略）。

图 4—17
用透明水色铺出底色。实质上这是背景画法的第一步，我在国家十一五规划教材《产品设计表现技法》中所讲。注意："N"字笔的运用（或者称作"之"字笔）。

图 4—18
在背景色的基础上画出产品的固有色，这一步还是用透明水色。

图 4—19
用水性马克笔和油性马克笔深入刻画并画出重色的裙角线，注意到没有？背景色也在变化，针脚线是不是出来了？

图 4-20
这一步看起来没有什么大的变化,尤其单凭图片看。但是确实做了工作,那就是色调、笔触、细节的微调,比如说暗面色调的统一、加重,拉锁链头的质感处理,针脚体积感觉的处理等等。这只有在示范现场才能看到。

图 4-21
压黑提亮,落款签章,一张完整的产品设计快速表现图可以就此收笔了。

在这个实例中有几个细节我故意没有细说,那就是哪个地方用了水性马克笔?哪个地方用了油性马克笔?背景的加深是怎么处理的?针脚线是怎么画出来的?给大家留个小问题思考思考,如果思考出来了请动手试一试。

图 4-22
铺底色时不要忘记留出空白。

图 4-23
用画水彩画的方法画出包的颜色。

图 4-24
用马克笔画出重色。

图 4-25
加用马克笔的目的是区分传统水彩画,标注产品设计快速表现的特有语言。另外注意画面笔触的层次,从第一遍底色到最后收笔层层分明,这就是透明水色和马克笔的特性。

图 4-26
虽然是快速表现,但也不要忽略细节。如拉链头。

图 4-27
在铺第一遍底色的时候就要考虑到它。

图 4-28
画出拉链头的金属质感和有体积感的针脚线。

图 4-29
再画拉链头的最重颜色和针脚线的最暗部以强调它们的质感和体积感。这正如前文所说:"该强调的地方再小也不能落掉;出彩的地方再小也能动人"。

实例三 就学生作业的批改而做的示范。

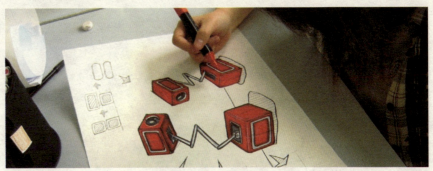

图 4-30
这是学生在认真地练习产品设计快速表现画法。

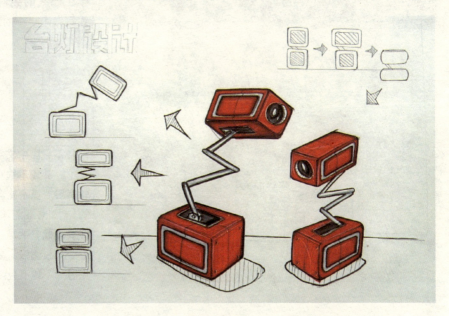

图 4-31
当学生把作品拿给我，我问及她这样画的想法时，她回答："我喜欢这样画。"我问："为什么？"她回答："说不好，就是觉得这样挺好。"我又问："说它好总得有个根据吧？""嗯……"她没有回答，我知道她说不出根据。我针对她的作品对全体学生讲："一幅作品不是谁说它好就好，谁说它不好就不好，它确实是有根据的，比如这幅作品，摹画者说不出它好的根据就不能算好。大家看，我对作品做个分析然后你们共同作出评判结果。第一，产品不论处在哪种可视的环境里，都能反映出它的空间关系，所以我们表现它时首先要画出它的明暗关系，也就是它的亮面、暗面、过渡面（灰面），你们看图里的产品有这三个面吗？肯定没有。第二，虽然我们现在不是在作纯粹的绘画作品，但是也应该考虑作品的艺术效果，这张图恰好没能感觉到艺术效果，千篇一律的笔触、谨小慎微的线条、面面俱到的红色足以说明这一点。第三，作为产品设计快速表现图，应该突出'快'字，这张图也恰好没能感觉到，一笔一画、面面俱到的画法不但浪费笔墨，更是浪费时间，不符合'快'的宗旨，倒像是一张着了色的工程图。"综合这三点大家是不是可以作出评判结果？

接下来我做个小的示范大家体会一下"快"的含义是什么,"艺术"的含义是什么。

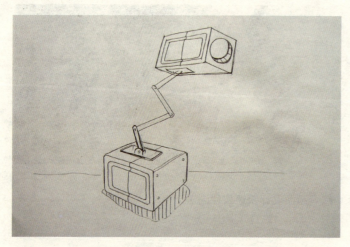

图 4-32
学生原来的线稿,我就这个线稿做个小小的示范。

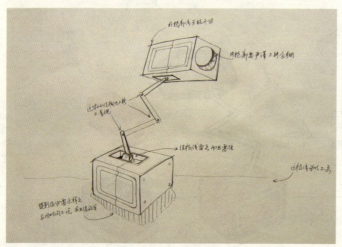

图 4-33
首先改变一下"谨小慎微"的线条,见图中文字说明,从上至下:外轮廓线可放开些;内轮廓要严谨不能含糊;这些小的结构也不能不重视;结构线要画而且要准;这根线可以不要;投影没必要这样画,占用时间不说而且没效果。

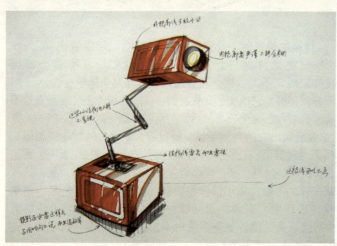

图 4-34
首先两个方体都分出亮面、暗面、过渡面;笔触要按照前文所讲的画出变化,即"N"字笔变化,疏密变化等;画出颜色变化,层次变化。

图 4-35
原始线稿,与修改过的线稿作比较。

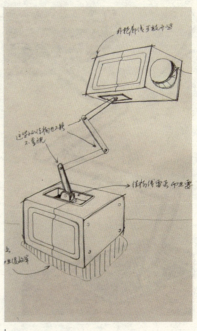

图 4-36
修改过的线稿,与原稿作比较。

图 4-37
学生的原始作业局部。

图 4-38
示范图局部。请认真对比。

图 4-39
学生的原始作业局部。

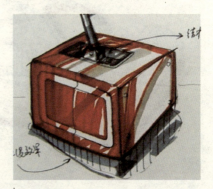

图 4-40
示范图局部。

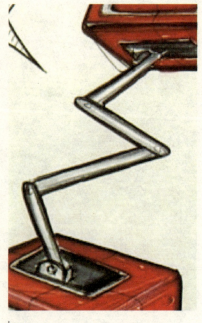 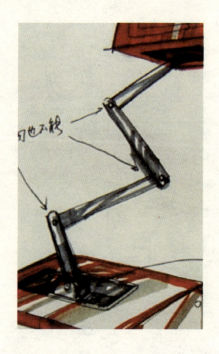

图 4-41
学生的原始作业局部。

图 4-42
示范图局部。请认真对比，找出前者与后者的不同之处，弄清楚不同的道理所在。

总结：选择适宜的工具材料以简练得法的笔触在相对短的时间内画出产品较为完整真实的形体关系、空间关系、色彩关系的画法就是产品设计快速表现。

实例四 彩色铅笔与马克笔结合的画法示范。

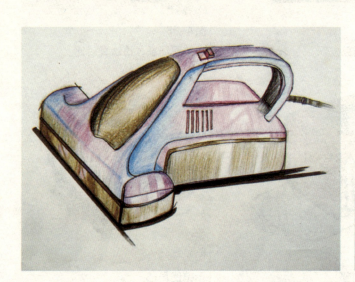

图 4-43
这是另外一个同学的作业，是用彩色铅笔画的。这时大家肯定会一眼看出作品水平的高低。

图 4-44

这是同一幅作业上的另外一个产品，大家看，两个同学虽然用的工具不一样，但出的问题是相同的。没有体面关系，笔触千篇一律，该体现工具特点的地方没有体现出来，该突出技法语言的地方没有突出。下面大家注意修改的过程：

图 4-45

修改彩色铅笔作业有两种方法：一是用橡皮提亮，这叫做减法；二是用马克笔覆盖，这叫做加法。首先按照产品设计快速表现的画法原则——先压黑后提亮的程序，选用水性马克笔把产品的暗面压出来（做加法）。然后用橡皮把亮面提出来（做减法）。做减法这一步在彩色铅笔所画的笔触上进行才有效。

图 4-46

对作业上的另一个产品同样选用水性马克笔"做加法"压出暗面。现在两个产品的暗面都有了，可是由于原作的用笔太多，看不出产品的亮面，所以还要进行一步工作，那就是提亮。

图 4-47

最后做些善后工作，比如给产品加个背景（用模具板加背景），提出高光等。另外，产品上的蛇形管往往是不好处理的地方，有时对束手无策的初学者来说只有一笔一笔地画，你看图中产品上的蛇形管就是如此，费了不小的力气，花了不少的时间，可效果并不理想。教大家一个既简单又出效果的方法，就是根据蛇形管的颜色选择适合的水性马克笔画出管的形态，如图所示。前文已作讲述。

图 4-48

彩色铅笔提亮我在前文已经讲过，就是用橡皮擦涂。橡皮擦涂要有规律，或是擦出亮面的折光效果，或是擦出产品结构处的高光，不论是哪一种都要记住，点到为止。

图 4—49
用橡皮擦涂亮面的情景。

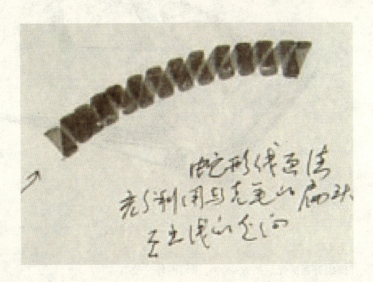

图 4—50
蛇形线的形态是用水性马克笔的扁头匀速、等量地画"N"字笔的结果。

图 4-51
擦出亮面折光后的效果,与原始图作个比较。

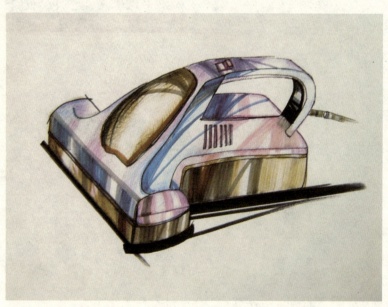

图 4-52
擦出亮面折光后的效果,与原始图作个比较。

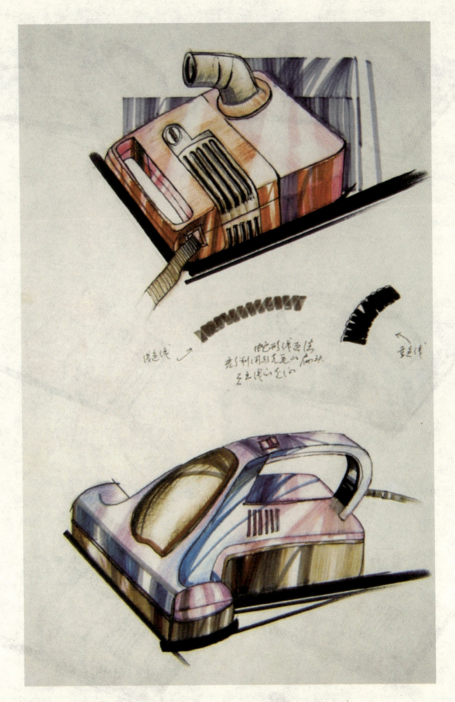

图 4-53
通过压黑提亮,由原来一张将要抛弃的产品设计快速表现图,转变为一张比较理想的产品设计快速表现图。

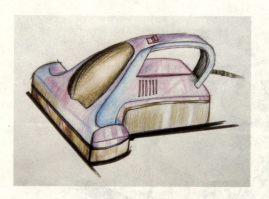

图 4—54
原始图状况。

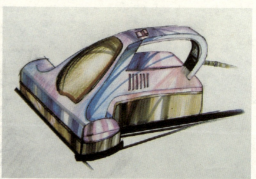

图 4—55
压黑后的状况。

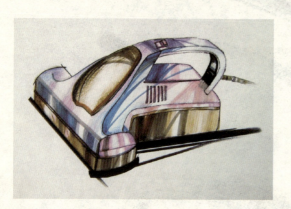

图 4—56
提亮后的状况。

图 4—57
原始图状况。

图 4—58
压黑后的状况。

图 4—59
加背景后的状况。

图4-60
提亮后的状况。

实例五 这还是一张学生作业,大家看我是如何为他批改的。

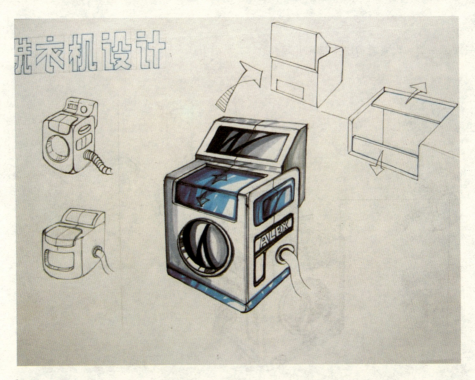

图4-61
当学生拿来作业给我看时,第一感觉还可以,但我很快就发现,还是经不起推敲。

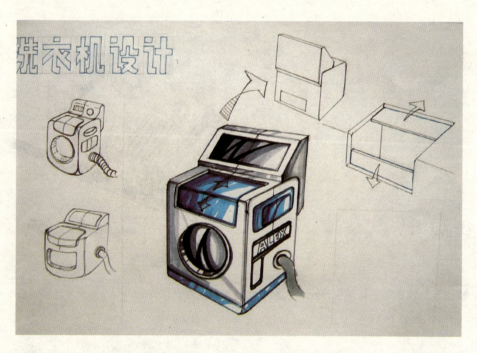

图 4-62
我只加了一笔,大家看得出来是哪儿吗?

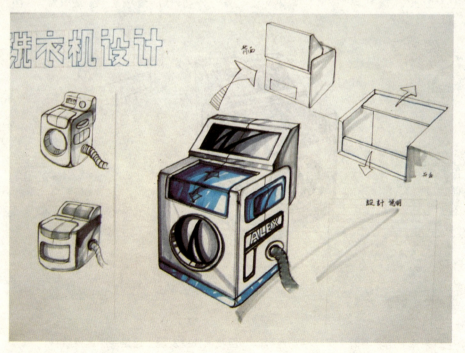

图 4-63
设计过程图和说明图稍作处理。

图 4-64
洗衣机正前面的色调过渡有些突然。

图 4-65
加上这一笔,既有机地衔接了洗衣机正前面的明暗色调,又显得整个洗衣机的表现果敢、流畅。

图 4-66
蛇形下水管不能不画。

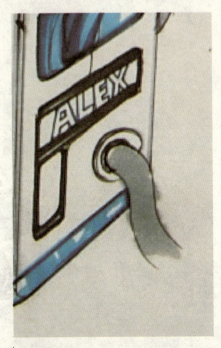

图 4-67
酒精性马克笔没有画出感觉。

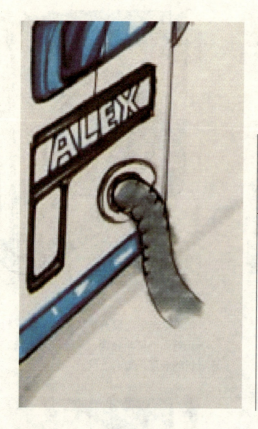

图 4-68
用水性马克笔重复地画了一遍,笔触感觉还是没出来,最后只能用中性笔作强调了。

图 4-69
原始作业状况。缺点是,成熟之余还经不起细推敲,画面整体感觉欠协调。尤其是字体功利差,为画面减色不少。**注意:字体一旦用马克笔写在画面,更改的可能性很小,所以要求在产品设计快速表现图上写字一定要小心,没想好先不写,有了把握再写。写字的功夫是要练的,没有写字功底的设计者是不合格的设计者。**

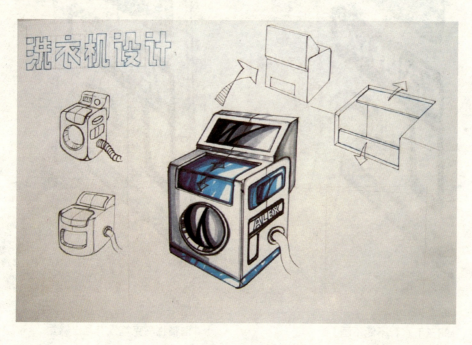

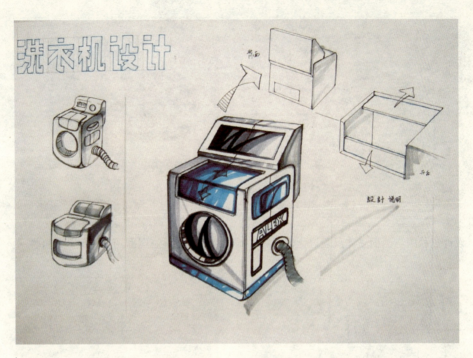

图 4-70

在产品设计快速表现中,最重要的是在尽可能短的时间里把要表现的产品表现出来。要想很好地把产品表达得淋漓尽致,得需要众多方面的功底作依托,比如说,美术功底、艺术鉴赏功底、生活阅历等。你看这张作业的最后效果包不包含这些?

图 4-71
设计过程图与画面主体反差过大。

图 4-72
只需这样处理即可。

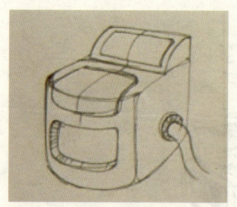

图 4—73
设计过程图与画面主体反差过大。

图 4—74
只需这样处理即可(可选用酒精性马克笔)。

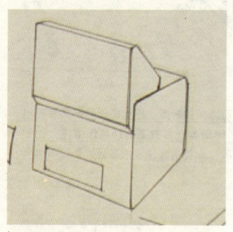

图 4—75
设计过程图与画面主体反差过大。

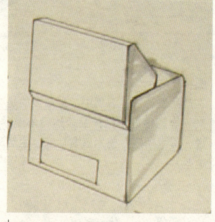

图 4—76
只需这样处理即可。

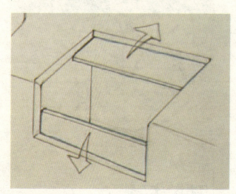

图 4—77
设计过程图与画面主体反差过大。

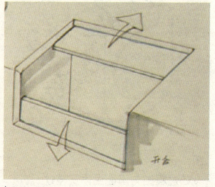

图 4—78
只需这样处理即可。

实例六 透明水色画法示范。

图4-79
先在线稿上用透明水色按照预想效果铺出背景色。在用透明水色画背景之前，首先要对照线稿上的产品，经过观察、分析和主观设想后，作出用什么色和笔触如何组合的决定。一般来讲，背景用色要考虑到所画产品的颜色，一旦铺出了背景，也就决定了画面主体产品的颜色。笔触的大小、长短、方向、虚实、飞白、留空等都要取决于所要表现的产品，笔触的大小、长短、方向要取决于产品的形体结构，它更接近国画六法中的"骨法用笔"。虚的地方和留的飞白处可做灰面或是尖硬、光亮材质上的折光，留空的地方可做高光。背景的涂出，实质上已经完成了三个任务：一是画出了产品的固有色；二是画出了画面的灰色调（中间色调）；三是决定了背景效果。后面的工作就是在这个灰色调上画出产品的暗部、重颜色的地方和亮部、浅颜色的地方。然后用简练、流畅的几笔在产品的重要结构处或决定产品外形的轮廓处画出能够烘托产品形体和颜色的衬景，最后用属于画面上最重、面积最大的重颜色画出产品的裙脚色，它可以看做是产品的投影，也可以看做是地平面等等。
注：线稿一步略。

图4-80
这一步主要是压黑，把画面上的重颜色从最重到最轻在心里排个队，然后从最重的颜色画起直至最轻的颜色。

图 4—81

这一步主要是提亮,即把产品上的高光和醒目出彩的地方用精到的笔触提炼出来,如,产品的结构线、铭牌、车灯、外后视镜等。**特别提示:切忌大面积的提高光和大面积的画亮色。**最后落款签章。

第5章 | 范图

下文所选范图是具有某一方面代表性的产品设计快速表现作品，全是我在近来教学中的示范作品，所有作品没有任何修饰，教学中示范什么样现在就什么样，真实可信，我想一定有很强的说服力。

图 5-1
产品设计快速表现图。水性马克笔画。

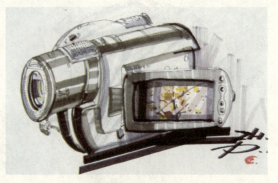

图 5-2
产品设计快速表现图。水性马克笔画。

图 5-3
产品设计快速表现图。透明水色、水性马克笔画。

图 5-4
产品设计快速表现图。水性马克笔画。

图 5-5
产品设计快速表现图。黑色中性笔、水性马克笔画。

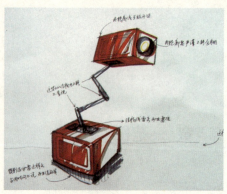

图 5-6
产品设计快速表现图。水性马克笔画。

图 5-7
产品设计快速表现图。水性马克笔画。

图 5-8
产品设计快速表现图。酒精性马克笔、水性马克笔画。

图 5-9
产品设计快速表现图。酒精性、水性马克笔画。

图 5-10
产品设计快速表现图。水性马克笔画。

产品设计快速表现诀要

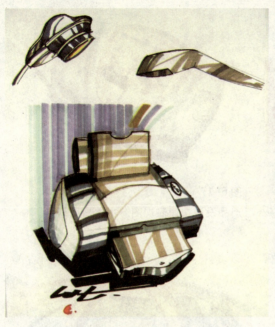

图 5-11
产品设计快速表现图。水性马克笔画。

图 5-12
产品设计快速表现图。水性马克笔画。

图 5-13
产品设计快速表现图。水性马克笔画。

图 5-14
产品设计快速表现图。水性马克笔、彩色水溶性铅笔画。

图 5-15
产品设计快速表现图。水性马克笔画。

图 5-16
产品设计快速表现图。水性马克笔画(模具板画背景)。

图 5-17
产品设计快速表现图。水性马克笔画。

图 5-18
产品设计快速表现图。水性马克笔画。

图 5-19
产品设计快速表现图。水性马克笔画。

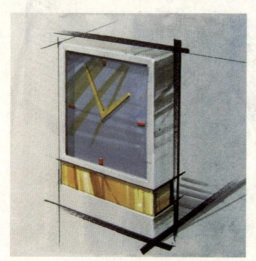

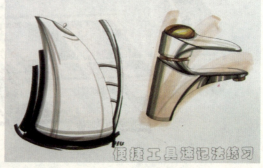

图 5-20
产品设计快速表现图。水粉色、水性马克笔画。

图 5-21
产品设计快速表现图。水性马克笔画。

图 5-22
产品设计快速表现图。水性马克笔画（背景兼用漂浮法）。

图 5-23
产品设计快速表现图。水性马克笔画。

图 5-24
产品设计快速表现图。酒精性马克笔、水性马克笔画（模具板画背景）。

图 5-25
产品设计快速表现图。水性马克笔画。

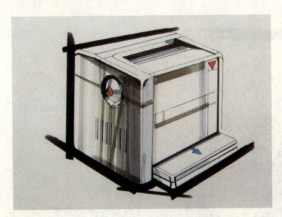

图 5-26
产品设计快速表现图。水性马克笔画。

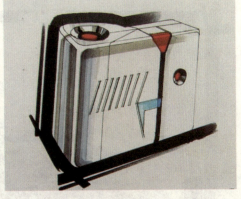

图 5-27
产品设计快速表现图。水性马克笔画。

图5-28
产品设计快速表现图。透明水色、胶介质材料、水粉色。

图5-29
产品设计快速表现图。透明水色、水粉色。

图5-30
产品设计快速表现图。透明水色、水粉色。

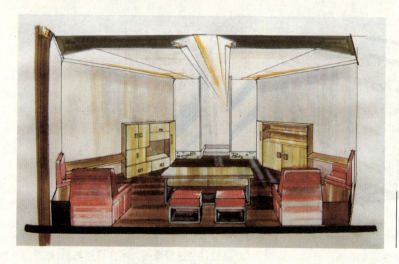

图5-31
产品设计快速表现图。透明水色、水粉色。

产品设计快速表现诀要

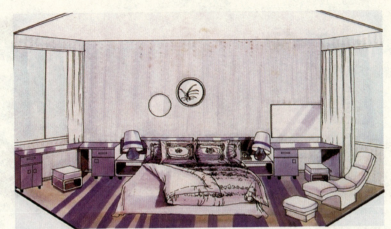

图 5-32
产品设计快速表现图。透明水色、胶介质材料。

图 5-33
产品设计快速表现图。水性马克笔画。

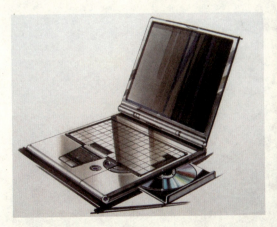

图 5-34
产品设计快速表现图。色粉、水性马克笔画。

图 5-35
产品设计快速表现图。水粉色、水性马克笔画。

图5-36
产品设计快速表现图。水性马克笔画。

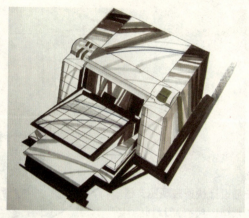

图5-37
产品设计快速表现图。水性马克笔画。

图5-38
产品设计快速表现图。水性马克笔画。

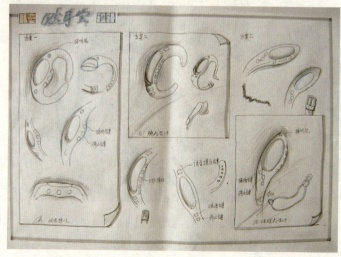

图5-39
产品设计快速表现图。黑色中性笔、彩色铅笔画。

图 5-40
产品设计快速表现图。透明水色、水性马克笔画。

图 5-41
产品设计快速表现图。透明水色、水性马克笔画(背景兼用漂浮法)。

图 5-42
产品设计快速表现图。透明水色、水性马克笔画、油画棒画。

图 5-43
产品设计快速表现图。水性马克笔、水粉色画。

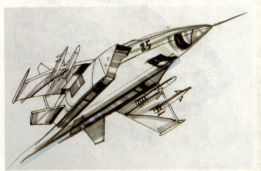

图 5-44
产品设计快速表现图。水性马克笔画。

图 5-45
产品设计快速表现图。彩铅笔画法。

图 5-46
产品设计快速表现图。透明水色、水性马克笔画。

图 5-47
产品设计快速表现图。水性马克笔、油性马克笔画。

图 5-48
产品设计快速表现图。透明水色、水性马克笔画。

图 5-49
产品设计快速表现图。水性马克笔、油性马克笔画。

图 5-50
产品设计快速表现图。透明水色、水性马克笔画。

图 5-51
产品设计快速表现图。水性马克笔、油性马克笔、色粉画。

图 5-52
产品设计快速表现图。透明水色、水性马克笔、油性马克笔画。

图 5-53
产品设计快速表现图。透明水色、水性马克笔、油性马克笔画。

图 5-54
产品设计快速表现图。水粉色、水性马克笔、油性马克笔画。

图 5-55
产品设计快速表现图。水粉色、水性马克笔、油性马克笔画。

图 5-56
产品设计快速表现图。透明水色、水性马克笔、油性马克笔画。

图 5-57
产品设计快速表现图。
毕留举　画。

图 5-58
产品设计快速表现图。毕留举 画。

图 5-59
产品设计快速表现图。毕留举 画。

图 5-60
产品设计快速表现图。
毕留举 画。

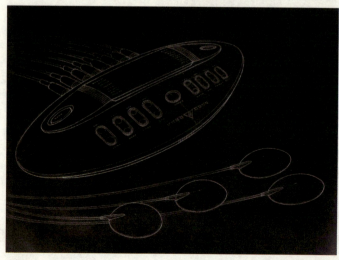

图 5-61
产品设计快速表现图(黑白法)。
韩凤元 画。

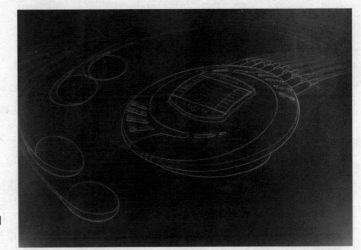

图 5-62
产品设计快速表现图(黑白法)。韩凤元 画。

图 5-63
产品设计快速表现图(黑白法)。韩凤元 画。

图 5-64
产品设计快速表现图(黑白法)。韩凤元 画。

结束语

《产品设计快速表现诀要》是继《产品设计表现技法》之后的又一本专门研究产品设计表现技法的撰述，它的正式出版是我近两年来在这方面教学、研究的又一个阶段性总结。在新成果向大家展示的同时，我不得不提到为我的研究提供机会的我的课堂、我的讲台，更不得不提到2005级、2006级、2007级的全体学生，祁飞飞、齐岩、黄叶舟、吕佳、马晓斌、吴慧晶、李梦、尹强、王林、赵得清、梁雅静、王怡、夏梦、韩杨、雷凯、李成、杨学龙、沈韵、谢水平、张继飞、李佩龙、邵旋、王晨晔、康路、严顺美、段瑞媛、卜志娟、李慕孜、张一帆、江涛、吴如松、谷岳、乔丽、王露等同学更是我课堂上最积极的互动者，正因为有了这些好学的学生才使得我有的放矢、思路万千、灵感大增地进行工作。我确实因为拥有这样的学生而感到欣慰。

通过撰著此书自己深刻地体会到，不是在工业设计教育战线上摸、爬、滚、打二十几年，实难有这样的历练和积淀，故此我庆幸有这个施展的平台。

在二十几年的产品设计外形效果表现技法课程的教学中，每当我新的一次走进课堂，看到同学们渴求的目光、听到同学没完没了的提问、收到一张张能勾起我灵感的作业，总会让我激情涌动、奋笔挥毫，从而促进了我的"技法"研究的进度和深度，产生对表现技法上一些问题的思索，以至于开始更深层次地对与此相关的问题和不同技法进行研究，因此，我又庆幸我曾经拥有过一批又一批好学的学生。

当我看到所教过的学生一个个走向艺术设计的岗位，一个个成为艺术设计企业的中坚人物，我心中有说不尽的感慨。他们之所以能够成为企业骨干，其法宝之一就是手头的表现能力。我常和他们讲的一句话就是："在信息化的今天，每个人必须会操作电脑，但是我们不能依赖于电脑，把电脑看成是万能之物，它只是一个工具，它和我们手中的画笔具有同样的身份。画笔作为传统的工具，深奥无比，没有什么东西可以取代它，电脑作为现代工具有它的许多优势，精密度、规格化、量化等是传统工具不能比的，作为现代化的设计师，这两种工具必须都掌握，形成优势互补，这样才能立于不败之地。"我的话学生们听了，也这样做了，因此，他们成功了，我坚信他们还会在艺术设计的道路上走得更远更长，同时也衷心地祝愿所有的读者在工业设计事业中、在产品设计表现技法的研究中取得巨大的成功！

尊敬的读者：

感谢您选购我社图书！建工版图书按图书销售分类在卖场上架，共设22个一级分类及43个二级分类，根据图书销售分类选购建筑类图书会节省您的大量时间。现将建工版图书销售分类及与我社联系方式介绍给您，欢迎随时与我们联系。

★建工版图书销售分类表（详见下表）。

★欢迎登陆中国建筑工业出版社网站www.cabp.com.cn，本网站为您提供建工版图书信息查询，网上留言、购书服务，并邀请您加入网上读者俱乐部。

★中国建筑工业出版社总编室　电　话：010—58934845
　　　　　　　　　　　　　　　传　真：010—68321361

★中国建筑工业出版社发行部　电　话：010—58933865
　　　　　　　　　　　　　　　传　真：010—68325420
　　　　　　　　　　　　　　　E-mail：hbw@cabp.com.cn

建工版图书销售分类表

一级分类名称（代码）	二级分类名称（代码）	一级分类名称（代码）	二级分类名称（代码）
建筑学（A）	建筑历史与理论（A10）	园林景观（G）	园林史与园林景观理论（G10）
	建筑设计（A20）		园林景观规划与设计（G20）
	建筑技术（A30）		环境艺术设计（G30）
	建筑表现·建筑制图（A40）		园林景观施工（G40）
	建筑艺术（A50）		园林植物与应用（G50）
建筑设备·建筑材料（F）	暖通空调（F10）	城乡建设·市政工程·环境工程（B）	城镇与乡（村）建设（B10）
	建筑给水排水（F20）		道路桥梁工程（B20）
	建筑电气与建筑智能化技术（F30）		市政给水排水工程（B30）
	建筑节能·建筑防火（F40）		市政供热、供燃气工程（B40）
	建筑材料（F50）		环境工程（B50）
城市规划·城市设计（P）	城市史与城市规划理论（P10）	建筑结构与岩土工程（S）	建筑结构（S10）
	城市规划与城市设计（P20）		岩土工程（S20）
室内设计·装饰装修（D）	室内设计与表现（D10）	建筑施工·设备安装技术（C）	施工技术（C10）
	家具与装饰（D20）		设备安装技术（C20）
	装修材料与施工（D30）		工程质量与安全（C30）
建筑工程经济与管理（M）	施工管理（M10）	房地产开发管理（E）	房地产开发与经营（E10）
	工程管理（M20）		物业管理（E20）
	工程监理（M30）	辞典·连续出版物（Z）	辞典（Z10）
	工程经济与造价（M40）		连续出版物（Z20）
艺术·设计（K）	艺术（K10）	旅游·其他（Q）	旅游（Q10）
	工业设计（K20）		其他（Q20）
	平面设计（K30）	土木建筑计算机应用系列（J）	
执业资格考试用书（R）		法律法规与标准规范单行本（T）	
高校教材（V）		法律法规与标准规范汇编/大全（U）	
高职高专教材（X）		培训教材（Y）	
中职中专教材（W）		电子出版物（H）	

注：建工版图书销售分类已标注于图书封底。